Introduction
to Academic Norms
and Research Integrity

学术规范与科研诚信概论

本 书 编 写 组

中国教育出版传媒集团
高等教育出版社·北京

内容简介

本书为高校学生认识和遵守学术规范提供系统的、具有指导性的说明与建议，引导其规范开展负责任的科学研究。全书共分8章，主要内容包括学术规范与科研诚信有关概念、国内外科研诚信治理概况、科研设计实施的学术规范、科研成果撰写的规范、科研成果发表的规范、合作交流与培养教育的规范、科学研究中的利益冲突及其规范，以及科学研究中的伦理规范。本书除了阐述科学研究中应遵守的行为准则、应秉承的科学精神与科学道德、应承担的社会责任之外，还特别对科研不当行为、不端行为做出说明，警示在科研活动中不能突破的底线。

本书可作为高等学校本科生或研究生相关课程教材，亦可作为研究人员、科技管理人员的参考读物。

图书在版编目（CIP）数据

学术规范与科研诚信概论 /《学术规范与科研诚信概论》编写组编 . -- 北京：高等教育出版社，2025. 8.

ISBN 978-7-04-065062-4

Ⅰ. G30-65；G316

中国国家版本馆 CIP 数据核字第 20250VX013 号

Xueshu Guifan yu Keyan Chengxin Gailun

| 策划编辑 王 康 | 责任编辑 王 康 | 封面设计 王 琰 | 版式设计 杜微言 |
| 责任绘图 马天驰 | 责任校对 吕红颖 | 责任印制 赵义民 | |

出版发行	高等教育出版社	咨询电话	400-810-0598
社　　址	北京市西城区德外大街4号	网　　址	http://www.hep.edu.cn
邮政编码	100120		http://www.hep.com.cn
印　　刷	北京印刷集团有限责任公司	网上订购	http://www.hepmall.com.cn
			http://www.hepmall.com
开　　本	787mm×1092mm 1/16		http://www.hepmall.cn
印　　张	12.25	版　　次	2025 年 8 月第 1 版
字　　数	210千字	印　　次	2025 年 8 月第 1 次印刷
购书热线	010-58581118	定　　价	35.00 元

序

在近代科学早期发展的相当长一段时间里，人们一提起科学研究，眼前自然会浮现出这样的情景："……有学问的科学雅士（他们几乎都是孤傲之人），常对周围的自然界和物质世界进行思考，他们常常手持一杯美酒，在宴会上讨论着最新的发现和发明。"这是南希·罗斯韦尔在《谁想成为科学家？》中的生动描述。然而，这种拥有大量闲暇时间进行科研工作的方式早已成为过去。

随着科学建制化的深化，科学研究展现出了一幅大学和研究机构中的工作图景——科学家们围绕着一些令人着迷的问题进行思考，他们使用科学仪器对自然对象进行观察，或采用实验方法来论证其预设，并展开对新的科学发现和发明的讨论。在这个"小世界"里，能否在知识领域作出有价值的研究工作及成果，成为衡量科学家科研工作成功与否的关键。它通过一套特有的承认机制分配荣誉和地位，作为知识权威的少数科学精英处于科学系统的顶端，他们采取同行评议的方式决定哪些成果可以（或不可以）发表以及在哪里发表，从而形成了一套自我制约的机制。

20世纪后半叶，科学研究展现出了一幅更加复杂的认知图景。德瑞克·约翰·德·索拉·普赖斯（Derek John de Solla Price）提出了"大科学"的概念，用来概括这个正在变化的科学世界。相较于早期的"小科学"，科研人员的专业细分，以及通过多学科交叉或跨学科合作来解决科学问题，成为"大科学"时代科学研究的典型特征。进入21世纪，与普赖斯的"大科学"概念相对应，约翰·齐曼用"后学院科学"概念来刻画新时代的科学世界。他在《真科学》一书中指出，科学研究已从"学院科学"进入"后学院科学"。这里的"学院科学"与普赖斯的"大科学"可谓异曲同工，"后学院科学"则涵盖了"学院科学"和"产业科学"。与普赖斯的"大科学"有所不同，"后学院科学"揭示了一个涵盖不同领域的利益相关方作为科学的参与者或行动者且竞争无处不在的生态系统。

科学研究发展史展现了一个变化的图景，然而我们可以看到，这个运行了几个世纪的科学系统迄今依然表现良好，其背后原因在于，科学是一种基于规则的生态系统，即科学研究不仅是一种对实证证据进行理性分析的生产新知识的活动，也是一种建立在科学规范基础上的活动。

科学的组织化和职业化是当今时代的一个典型特征。首次将这一特征明确表达出来的是美国社会学家罗伯特·K.默顿，他将科学作为一种社会建制并开创了科学的社会学研究领域。在默顿看来，科学作为一种有组织的社会活动，被一组"规范"所统摄，这些"规范"主要包括普适主义（universalism）、公有主义（communalism）、无私利性（disinterestedness）、有条理的怀疑主义（organized scepticism）和思维独创性（originality）。这样一组"规范"（以下称为"默顿规范"）体现了科学社会的文化特征，被称为科学的"精神气质"。

默顿规范不仅与"小科学"时代的社会特征相吻合，还与科学的认知特征相联系，它们揭示了"学术科学"的文化价值。科学研究的专业化支撑着学术科学内在的社会结构，奥利卡·舍格斯特尔在所编写的《超越科学大战——科学与社会关系中迷失了的话语》中清晰地指出，学术科学被划分为各个学科，每个学科都有确定的组织化的教研领域。然而，不断演进的科学也给默顿规范带来了一系列的挑战。

默顿规范面临的挑战首先来自科学自身的变化。传统上，科学以增长知识为目的。"追求知识"是科学研究的价值目标，"增长知识"是"科学共同体"的价值信仰。科学研究依赖个人的赞助，科学家一般不讨论其能够给社会带来哪些利益。然而，科学的大型化使得科学研究逐渐成为一项昂贵的事业，科学研究越来越依赖国家和社会资源的支持。科学、技术与社会、商业日益紧密的联系，引发科学知识生产方式的转变：其一，科学目标的双重性——不仅"增长知识"而且"知识'资本化'"。而正是两者间的相容关系的存在"为科学家同时达到两种目标提供了机会"。其二，科学研究的企业化——科研工作的高度分工和资源配置的市场化。而科研工作的专业细分引致跨学科合作研究的普遍化，资源配置的市场化使得科学研究更加关注其效用，同时也提升了科学政策的影响。其三，认知规范模式的多样性——从"学术科学"向"产业科学"延伸。与传统的"认识和理解自然"主导的认知模式有所不同，新的科学知识生产方式凸显了一种内在的地域化特征，它强调在特定的应用情境中实施研究或者在地域语境中解决问题，这也意味着科研价值的多元化以及质量控制涉及更多的层面。

随着科学技术的快速发展、科技产品的加速迭代，以高科技为代表的知识日益成为支持经济增长的重要力量，进而成为经济的核心要素。21世纪初人们用"知识经济"来称谓一个时代的到来，它凸显了科学知识的经济社会价值。"知识'资本化'"强调将知识作为一种新的生产资料投入生产和管理，通过知识的转化和运用实现生产收益的增长和商业利润的提升。在这里，追求"收益"和"利润"被纳入科学研究，成为科学研究的动机（之一），由此也带来了科学研究功能的演变。总体来讲，它呈现出三个主要特征：一是不仅为了人类的利益还服务于国家利益；二是注重"认知取向"与"应用取向"的统一；三是兼顾"知识生产"与"知识扩散"两个方面。这使得科学研究的行为变得复杂。可以说，默顿规范面临的挑战还源于科学研究功能的演变。

科学研究行为的复杂化使得科学家需要承担更多的责任。在这个背景下，"负责任的研究和创新"成为一种时代的基本理念和社会要求。良好的科研实践需要基于诚实原则和责任原则来规范科学研究行为，由此科研诚信与伦理被纳入质量控制，成为科学研究质量控制的重要方面或维度。

在当今的科研领域，默顿规范仍然被认为适用于"小科学"或者"学院科学"，但与当代科学的社会特征相吻合，科研规范也相应地发生着一系列的变革。它突出地表现在：（1）从"默会知识"向"外显知识"拓展；（2）从"言传身教"向"文本式"教化延伸；（3）从科学共同体自我管理走向"内部控制"与"外部监督"相结合。

在近代科学发展的相当长的历史时期里，在科学实践中凝练的一套科学共同体普遍恪守的价值观念伴随着科学实践的进程而获得有效传承，遵守科学道德及其职业伦理精神成为科研人员内化于心的价值追求和行为习惯。只有当某种危机出现时，它才会通过科学家自觉的道德反思和谴责表达出来。然而，20世纪七八十年代以来不断披露的违背诚实原则的科研行为表明，伴随着科学、技术与社会、经济一体化，在科研领域被引入更多的价值与利益诉求和竞争压力日趋激烈的背景下，仅仅依靠科研人员的自我约束和道德自律，或者仅仅依靠科学的自我管控机制，已不足以应对科研不端行为。

当前，科研诚信规范被以多种形式文本化，包括指南、手册等指导性文本，政策、法规等规范性文件，以及涉及版权、专利等法律性文本。

科学诚信规范作为系统化的科研行为规范，它贯穿于科学研究和学术活动的全过程，从科研过程看，包括科研准备期、科研实施期和科研成果期；从学术活动的主要类型来看，它涉及学术交流、学术出版、学术评议、咨询、人才培养，以及利益冲突和科学家社会责任等。在每个环节中，科研诚信规范都阐述了什么是好的或合乎道德的行为，哪些是有问题的行为和不端（或恶劣）行为等内容。较之默顿规范，它体现了贴近实践、系统翔实、可操作和可核查等特征。

毋庸置疑，科研诚信规范的体系化使得仅仅依靠传统的"言传身教"传承方式就远远不够了。因此，如何使科研人员了解和掌握科研诚信规范就成为一个重要问题。目前"预防为先，惩罚为后"的治理理念已成为国际学界的共识，其中，将科研诚信教育制度化，使其成为科学教育的重要组成部分，即实现"预防为先"治理理念的重要举措（之一）。开设专门的科研诚信课程，可以使学生系统了解专业细分的职业伦理，通过参与案例讨论，在批判性思考和公开争辩中理解并把握科研诚信规范和职业伦理精神。

学习并掌握科研诚信规范及其相关知识，可以避免在"无知"状态下发生科研不端行为并受到处罚。科研诚信规范是科学研究必须遵循的游戏规则，这意味着，遵守诚信规范不是为了得到奖赏，而是从事科学研究的必要前提；违反规则必然会受到相应的处罚。

查尔斯·李普森曾提出"学术诚实三原则"，他认为这是"最低限度的原则"，但是适用于从学生到教授的每一个人。记录在此以飨读者：

- 当你声称自己做了某项工作时，你确实是做了。
- 当你仰赖了别人的工作时，你要引注它。当你引用他们的话语或观点时，一定要公开而精确地标注出处，同样在引用他们的研究成果时，也必须公开而精确地引注。
- 当你要介绍研究资料时，无论是研究所涉及的数据、文献，还是别的学者的著作，你都应该公正而真实地介绍它们。

李真真
中国科学院

前言

科研诚信是科技创新的基石。坚守科研诚信，弘扬科学家精神，是实现科技自立自强、建设创新型国家的战略需要。党和政府高度重视科研诚信建设，科技界也积极行动，端正作风学风，营造风清气正的学术氛围。在网络信息时代，违背学术规范的行为经由电视、报纸、网络等媒体传播后，不仅产生了社会影响，还可能给青年学子带来负面示范。这些行为有些属于"明知故犯"，但其中也不乏"无心之过"——因为对学术规范缺乏充分、全面、正确的了解，从而做出了违背学术规范的行为。为减少这样的"无心之过"，有效提升科研诚信意识，就需要在研究生教育、大学本科甚至更早教育阶段为学生提供系统的学术规范教育和培训。

过去，本科生、研究生和青年研究人员主要通过导师和资深研究人员的言传身教来学习和领悟学术规范，这种方式现在仍然是学术后辈们接受科学道德熏陶和掌握科学研究规范的重要途径。但是，现代科学研究越来越复杂，科学交流与合作越来越广泛，科学与社会的关系也越来越紧密，学术规范的范围、内容和要求都在不断扩展，学习学术规范很难仅依靠"言传身教"和个人领悟。还有许多高校和科研机构通过专题讲座、活动周、参观学习等方式普及学术规范，这些做法取得了一些进展，但学术规范包含系统的知识、标准和要求，需要全面了解和正确掌握。因此，制度化的、系统的学术规范教育已经成为弘扬科学家精神、加强学术界作风学风建设的必要手段，也是推进教育、科技、人才一体化统筹发展的重要内容。在高校开设学术规范方面的专门课程，将学术规范与知识传授、能力培养等有机地结合起来，可以促进遵守学术规范的良好习惯与学风的养成，把学术规范落到实处。特别是对在本科阶段学习的大学生来说，尽早接受系统、严格的学术规范训练，有助于其养成良好的学习和科研习惯，将来从事学术研究才能够行得正、踏得稳、走得远。即便他们将来不从事学术研究，这种教育和训练对其从事其他职业的工作也是大有裨益的。

本书是一部主要面向本科生编写的学术规范和科研诚信教材，全书对标我国科技发展和科研诚信、作风学风建设的要求，跟进国际科研诚信伦理教育前沿发展，期望能够帮助学生实现以下目标：首先是全面提升对学术规范的认知、意识和决策水平，了解学术规范的基本概念与内涵、科技前沿伦理问题和治理、科研诚信建设概况等，理解科研不端问题的复杂性，理解科研诚信的重要性；其次是结合理论与实践观察科研现象，了解和掌握科学研究行为基本规范，区分、判断常见的科研不端行为和违反科研伦理的行为；最后是将学术规范标准内化，提升诚信伦理意识，提高决策能力，培养抵御各种科研不端行为诱因的能力。

本书涵盖学术规范概念、科研诚信建设，科研设计与实施、成果撰写与发表、合作交流与培养教育等科学研究、学术活动中的基本规范，以及科学研究中的利益冲突规范和伦理规范。适合各领域专业本科生教学使用，亦可用于研究生教学及研究人员、科技管理人员的相关培训。在编写体例上，本书以章节形式编排。每章内容包括理论概论、概念解析、规范讲解等，穿插适当的案例介绍和政策解析，增进理解，增加可读性。每章结尾都有延伸阅读文献和思考题，以促进讨论。教学安排上可以针对不同学段和专业类型特点以及需求进行分层教育，选择不同难易程度的知识点。课时分配可以根据必修课、选修课、系统培训课等不同的教学需求进行调整。编写组后续将陆续推出教材配套的教学大纲和考试大纲以及教学视频、课件等，并组织相关培训会。

本书编写分工如下：第一章、第三章、第七章由中国科学院文献情报中心袁军鹏编写；第二章由中国农业大学赵勇、首都师范大学袁子晗编写；第四章、第五章由中国科学院大学黄小茹编写；第六章由中国人民大学赵延东编写；第八章由北京大学张海洪编写。全书由赵延东、黄小茹统稿。

特别感谢李真真老师为本书撰写了序言。特别感谢在本书撰写过程中提出了宝贵意见和建议的老师和同学们。由于编写时间较紧，书中尚存一些不完善之处。欢迎读者批评指正，以便今后补充修订。编者邮箱：huangxiaoru@ucas.ac.cn

本书编写组

2024 年 9 月

目录

第一章 | 学术规范与科研诚信有关概念 / 001

第一节 科学研究和科学家精神 / 001

一、科学和科学研究 / 002

二、科学精神与科学家精神 / 003

第二节 基本概念 / 006

一、科学道德 / 006

二、负责任的研究行为 / 007

三、科技伦理 / 008

四、科研诚信 / 009

第三节 违背学术规范的行为 / 010

一、违背学术规范的行为 / 011

二、科研不端行为的界定 / 012

三、科研不端行为的惩处 / 016

延伸阅读文献 / 017

思考题 / 017

第二章 | 国内外科研诚信治理概况 / 019

第一节 科研诚信治理内涵与方略 / 019

一、科研诚信及其治理 / 020

二、科研诚信治理体系的基本内涵 / 021

三、科研诚信治理的具体方略 / 022

第二节 国际科研诚信治理概况 / 023

一、国际组织科研诚信治理概况 / 024

二、发达国家科研诚信治理概况 / 027

三、世界知名大学与科研机构科研诚信治理概况 / 030

第三节　国内科研诚信治理概况 / 032

一、科技管理部门的科研诚信治理 / 033

二、科研机构的科研诚信治理 / 034

三、科技社团的科研诚信治理 / 035

四、科技期刊的科研诚信治理 / 036

延伸阅读文献 / 037

思考题 / 037

第三章 | 科研设计实施的学术规范 / 039

第一节　科研选题 / 039

一、文献调研 / 039

二、选题应当遵循的原则 / 042

三、选题中常见的不端行为 / 044

第二节　研究方案制定与项目申请 / 045

一、研究方案制定 / 045

二、项目申请材料准备 / 046

第三节　研究资源的使用 / 048

一、工作时间的分配 / 048

二、设备、材料、经费等的使用 / 051

第四节　数据获取、使用与管理 / 053

一、数据收集与记录 / 053

二、数据的使用 / 056

三、数据保存与共享 / 059

延伸阅读文献 / 062

思考题 / 062

第四章 | 科研成果撰写的规范 / 065

第一节　成果形式与规范要求 / 065

一、学术论文的撰写规范 / 066

二、专利等的撰写规范 / 067

三、科研成果撰写中技术工具的使用规范 / 068

第二节　基本格式与规范 / 070

一、格式及要求 / 071

二、标题、摘要、关键词等的规范 / 071

三、正文规范 / 073

第三节　引文规范和要求 / 078

一、引注的形式 / 079

二、引文的规范 / 081

第四节　成果撰写中的问题行为 / 085

一、剽窃行为 / 085

二、伪造、篡改等行为 / 090

延伸阅读文献 / 093

思考题 / 093

第五章　科研成果发表的规范 / 095

第一节　署名的基本规范 / 095

一、作者身份 / 096

二、作者排序 / 098

三、作者责任 / 100

四、不当署名 / 101

第二节　多余发表问题 / 104

一、一稿多投、重复发表和拆分发表 / 104

二、合理的改投与二次发表 / 106

三、有关多余发表的处理 / 107

第三节　成果发表中的其他问题 / 111

延伸阅读文献 / 113

思考题 / 113

第六章　合作交流与培养教育的规范 / 115

第一节　科研合作的规范 / 115

一、合作研究的基本规范 / 116

二、产学研合作研究的规范 / 118

三、国际科技合作研究的规范 / 118

第二节　学术交流的规范 / 119

一、学术会议规范 / 120

二、学术讲演规范 / 122

三、交流访问规范 / 124

四、非正式交流规范 / 124

第三节　培养教育的规范 / 125

一、导师的规范与责任 / 126

　　　　二、学生的规范与责任 / 129

　　延伸阅读文献 / 131

　　思考题 / 132

第七章 | 科学研究中的利益冲突及其规范 / 133

　　第一节　科学研究中利益冲突问题的提出 / 133

　　　　一、利益冲突及其特征 / 134

　　　　二、科学中的利益冲突问题 / 135

　　　　三、利益冲突对科学的影响 / 136

　　第二节　科学研究中利益冲突的表现形式 / 138

　　　　一、研究过程中的利益冲突 / 138

　　　　二、咨询过程中的利益冲突 / 139

　　　　三、研究结果的利益冲突 / 139

　　　　四、成果发表时的利益冲突 / 140

　　　　五、同行评议中的利益冲突 / 141

　　　　六、成果转化与推广时的利益冲突 / 141

　　　　七、国际合作中的利益冲突 / 142

　　第三节　科学研究中利益冲突的管理 / 143

　　　　一、利益冲突的处理及其机制 / 143

　　　　二、同行评议中的利益冲突披露与回避 / 144

　　　　三、利益冲突政策引起的争议 / 145

　　延伸阅读文献 / 147

　　思考题 / 147

第八章 | 科学研究中的伦理规范 / 149

　　第一节　敏感领域的代表性科技伦理问题概述 / 149

　　　　一、医学领域科技伦理问题 / 150

　　　　二、生命科学领域前沿科技伦理问题 / 155

　　　　三、人工智能领域的科技伦理问题 / 157

　　第二节　科技伦理相关原则概述 / 159

　　　　一、科技伦理原则 / 160

　　　　二、医学科学研究伦理原则 / 161

　　　　三、人工智能伦理治理原则和规范 / 166

　　第三节　科学研究共性伦理问题与科技伦理审查 / 170

　　　　一、实验动物福利保护的 3R 原则 / 171

　　　　二、人类研究参与者保护的主要伦理问题 / 171

三、科技伦理审查 / 173

四、在科学研究全过程中保护研究参与者 / 174

延伸阅读文献 / 177

思考题 / 177

主要参考文献 / 179

第一章
学术规范与科研诚信有关概念

　　学术规范是学术共同体内形成的、在科学研究和学术活动中应当遵循的基本准则。在科学研究和学术活动中应遵循科研诚信、科技伦理等学术规范，守住科学道德底线。优良的作风和学风是做好科技工作的"生命线"，了解科学研究和学术活动中的这些通用学术规范，可以帮助我们在学习和科研中遵循科研诚信和科技伦理的基本要求，做负责任的研究。

第一节　科学研究和科学家精神

　　20 世纪以来，科学研究成为一项在政府、产业、基金会等支持下由大学、研究所等机构具体执行的复杂社会活动。科学研究及其成果应用为人类社会的发展提供了源源不断的动力。与此同时，科研不端行为案例引发了广泛关注，并影响了社会对科研的信任。科技人员在科技活动中应当追求真理、实事求是、崇尚创新、开放协作，遵循学术共同体公认的行为规范，恪守科技伦理，遵守相关法律法规。违背学术规范要求的行为在损害自身学术地位及声誉的同时，也严重损害了学术成果的可信性及我国在国际上的学术声誉。科研诚信建设已经成为一项超越学术共同体的社会活动。

一　科学和科学研究

对于什么是科学，每个人都有自己的观点和看法，但是要具体解释科学是什么，却很难回答。"科学"的英文 science，源于拉丁文的 scio，其本义是"知识""学问"。中国古代虽然没有"科学"一词，但是早有"格致之学"，即穷究事物的原理而获得知识。比如，《礼记·大学》上说"致知在格物""物格而后知至"，所谓格物，就是推究事物的道理。1893 年，康有为将"科学"一词引入中国。

2021 年版《辞海》将科学定义为，科学是人类认识和改造自然的理论和实践体系，包括自然科学和社会科学。自然科学主要研究自然界及其规律，社会科学主要研究社会及其规律。在《中国大百科全书》（哲学卷）中，科学的定义是以范畴、定理、定律形式反映现实世界多种现象的本质和运动规律的知识体系。

科学哲学家 A.F. 查尔默斯（A.F.Chalmers）的《科学究竟是什么？》（*What is this thing called Science*？）介绍了逻辑经验主义、波普尔、库恩、费耶阿本德等科学哲学家的观点，但并没有给一个清晰的、明确的、标准化的、教科书式的科学概念或者说科学定义。当代著名科技史家戴维·林德伯格（David C. Lindberg）在《西方科学的起源》（*The Beginnings of Western Science*）一书中，根据不同学者对科学的认识，总结了对什么是科学的八种不同理解。包括：① 科学是人类藉此获取对外界环境控制的行为模式，与技术密切相关；② 科学是理论形态的知识体系，技术则将理论知识应用于实际问题；③ 科学是理论的陈述形式，陈述形式应当是一般的、定律式的陈述，最好以数学语言表达；④ 从认识论层面，科学应是个人获取知识和评判知识的某种独特方法；⑤ 从方法论层面，科学通常与一套实验程序等科学方法相联系，一个研究程序只有以此为依据才是科学的；⑥ 从科学的内容来定义，科学是一套关于自然的信念，或多或少地包含了现行的物理、化学、生物、地质等学科；⑦ "科学"与"科学的"通常指严格、精确或客观的过程或信念；⑧ "科学的"一词往往表示对正确观念或行为的同意、赞赏。

虽然对于科学的理解有如此多种，但是总体来看，可以认为科学延续了为知识而求知的古典哲学传统和近代实验科学传统，其本质是通过系统的研究和实验来无限接近地认识和把握自然的真实面目，以尽可能客观地解答人类发展所遇到的每一个具体问题。时至今日，科学已成为人类理解自然机制最为严谨也最为有效的手段。现阶段从学科角度来说，科学包括数学、逻辑学、物理学、化学、天文地理学、生物学以及这些学科相对应的技术。"科学"和"技术"又常常被混用。技术也属于科学，科学发展为技术进步提供理论依据，科学又通过技术的形式表现出来；技术进步为科学发展创造有利条件，技术是科学的结晶，技术也是科学的具体表现形式；科学的发展推动了技术的进步，同时，技术的进步又可以促进科学的发展。

那么什么是科学研究呢？我国教育部曾经给科学研究下过定义：为了增进知识，包括关于人类文化和社会的知识，以及利用这些知识去发明新的技术而进行的系统的创造性工作。另外，也有研究人员认为科学研究工作是科学领域中的检索和应用，包括对已有知识的整理、统计以及对数据的搜索、编辑和分析等。由此可见，科学研究强调创新。随着生成式人工智能（artificial intelligence generated content，AIGC）的技术突破，对已有知识的整理分析同样非常重要，也具有创新性。

由此，可以得出科学研究具有以下两个主要特征：第一是探索性与创新性，这是科研工作区别于一般劳动性工作之所在；第二是继承性和积累性，即科学研究工作必须建立在科学的方法和知识基础上，而这些方法和知识是人们通过大量科学研究积累和发展形成的。对这些方法和知识的利用，就体现了科学研究的继承性，同时在科学研究中的创新也为科学的发展不断积累知识。

二 科学精神与科学家精神

科学精神是人类文明中宝贵的精神财富之一，它是在人类文明进程中逐步发展形成的。科学精神源于近代科学的求知求真精神和理性与实证传统。随着科学实践的不断发展，科学精神的内涵也在不断丰富。

科学精神集中体现为追求真理、崇尚创新、尊重实践、弘扬理性。科学精神倡导不懈追求真理的信念和捍卫真理的勇气。科学精神坚持在真理面前人人平等，尊重学术自由，用继承与批判的态度不断丰富发展科学知识体系。科学精神鼓励发现和创造新的知识，鼓励知识的创造性应用，尊重已有认识，崇尚理性质疑。科学精神不承认任何亘古不变的教条。科学精神强调实践是检验真理的标准，要求对任何人所做的研究、陈述、见解和论断，都要进行实证和逻辑的检验。科学精神强调客观验证和逻辑论证相结合的严谨的方法，要求科学理论必须经受实验、历史和社会实践的检验。

人类在秉持科学精神探索世界、认识规律的同时，无疑也增强了认识自然、改造自然的能力，所以科学研究的发展也在推动人类社会进步、增加精神财富、增进人类福祉，这是科学研究的社会文化价值。在人类发展历史上，科学精神曾经引导人类摆脱愚昧、迷信和教条。倡导摆脱神权、迷信和专制的欧洲启蒙运动的主要思想来源于科学的理性精神。科学精神所倡导的崇尚理性、注重实证和唯物主义在推动欧洲国家由封建社会向现代社会过渡中发挥了重要的作用。

在科学技术的物质成就充分彰显的今天，科学精神更具有广泛的社会文化价值。注重创新已经成为最具时代特征的价值取向，崇尚理性已成为广为认同的文化理念，追求社会和谐以及人与自然的协调发展日益成为人类的共同追求。在当代中国，富含科学精神的解放思想、实事求是、与时俱进，已经成为党的思想路线，成为我国人民不断改革创新、开拓进取的强大思想武器。

2020年9月，习近平总书记在科学家座谈会上指出，"科学成就离不开精神支撑。科学家精神是科技工作者在长期科学实践中积累的宝贵精神财富。新中国成立以来，广大科技工作者在祖国大地上树立起一座座科技创新的丰碑，也铸就了独特的精神气质。"科学家是科学活动的主体，在长期的科学实践活动中，科学家逐步形成了独特的科学家精神。科学家精神是科学家本性的自然流露或延伸，体现在多个方面：首先，科学家追求真理的动力源于对未知的好奇心和求知欲，他们具备坚定的目标和毅力，不畏困难和挫折，持之以恒地追求真理。其次，科学家具备批判思维，能够从不同角度审视问题，避免盲目从众，保持独立思考的能力；勇于创新，敢于打破传统观念和思维定式，勇于尝试新的方法和理论，推动科学的进步和发展；坚持实证主义的原则，通过实验和观察来验证和证实理论，确保研究结果的可靠性和可重复性。最后，科学家精神也体现在合作精神上，他们注重集智攻关、团结协作，共同推动科学事业的发展。在不同的历史时期，面对国家社会的发展需求，科学家践行自己的历史使命。

2019年6月，中共中央办公厅、国务院办公厅印发《关于进一步弘扬科学家精神　加强作风和学风建设的意见》，对科学家精神做出全面概括。2021年9月，科学家精神被纳入第一批中国共产党人精神谱系。科学家精神主要包括以下内容。

① 大力弘扬胸怀祖国、服务人民的爱国精神。继承和发扬老一代科学家艰苦奋斗、科学报国的优秀品质，弘扬"两弹一星"精神，坚持国家利益和人民利益至

上，以支撑服务社会主义现代化强国建设为己任，着力攻克事关国家安全、经济发展、生态保护、民生改善的基础前沿难题和核心关键技术。

② 大力弘扬勇攀高峰、敢为人先的创新精神。坚定敢为天下先的自信和勇气，面向世界科技前沿，面向国民经济主战场，面向国家重大战略需求，抢占科技竞争和未来发展制高点。敢于提出新理论、开辟新领域、探寻新路径，不畏挫折、敢于试错，在独创独有上下功夫，在解决受制于人的重大瓶颈问题上强化担当作为。

③ 大力弘扬追求真理、严谨治学的求实精神。把热爱科学、探求真理作为毕生追求，始终保持对科学的好奇心。坚持解放思想、独立思辨、理性质疑，大胆假设、认真求证，不迷信学术权威。坚持立德为先、诚信为本，在践行社会主义核心价值观、引领社会良好风尚中率先垂范。

④ 大力弘扬淡泊名利、潜心研究的奉献精神。静心笃志、心无旁骛、力戒浮躁，甘坐"冷板凳"，肯下"数十年磨一剑"的苦功夫。反对盲目追逐热点，不随意变换研究方向，坚决摒弃拜金主义。从事基础研究，要瞄准世界一流，敢于在世界舞台上与同行对话；从事应用研究，要突出解决实际问题，力争实现关键核心技术自主可控。

⑤ 大力弘扬集智攻关、团结协作的协同精神。强化跨界融合思维，倡导团队精神，建立协同攻关、跨界协作机制。坚持全球视野，加强国际合作，秉持互利共赢理念，为推动科技进步、构建人类命运共同体贡献中国智慧。

⑥ 大力弘扬甘为人梯、奖掖后学的育人精神。坚决破除论资排辈的陈旧观念，打破各种利益纽带和裙带关系，善于发现培养青年科技人才，敢于放手、支持其在重大科研任务中"挑大梁"，甘做致力提携后学的"铺路石"和领路人。

科学家精神具有独特的价值属性。以"爱国、创新、求实、奉献、协同和育人"为核心精神元素的科学家精神不但从精神素养上熏染了科学家的价值理想，而且通过科学家的实践外化在研究活动或知识产品中；不但维护了学术共同体的稳定秩序，保障了科学自身的进步，而且与人类社会所渴求的道德价值理想是相通的，在社会实践活动中发挥正向引导作用，推进整个人类社会的精神文明发展。

科学家精神根植于中华优秀传统文化的沃土，是中国共产党人精神谱系的重要组成部分，与伟大时代精神同频共振。同时，科学家精神也蕴含着丰富的育人价值，为激励广大青年人才开拓创新提供了力量源泉，对新时代人才发展具有强大的引领作用。科研人员和青年学生应自觉践行科学家精神，秉持科学精神，遵循学术规范，践行科研诚信要求，遵守科技伦理原则，做负责任的研究，勇攀科学高峰。

第二节　基本概念

学术规范是以学术道德为基础，以科学研究和学术活动为对象，以学术共同体成员为主体，以激发学术创新和维护学术自由为目的的规制安排和长效激励机制。学术规范的表现形式可能是条文化的、简明扼要的各种规则，但其目的却不是对科研人员的"束缚"，而是净化学术环境、激发学术创新、维护学术自由。在科学研究和学术活动中，科研人员主要遵循科技伦理、科研诚信等方面的具体要求和基本规范，遵循科学道德，开展负责任的研究。

一　科学道德

科学道德是我国比较早使用的关于学术规范的概念。1991年10月，邹承鲁与另外13位中国科学院学部委员联名发表长篇文章《再论科学道德问题》。2007年和2009年，中国科学技术协会（以下简称中国科协）先后发布的《科技工作者科学道德规范（试行）》和《学会科学道德规范（试行）》均使用"科学道德"一词来表明科研中的底线。科学道德是从事学术研究活动时必须遵循的道德规范和行为准则，主要指研究者在学术研究活动中要正确处理人与自然、人与人、个人与社会、个人与国家之间的关系。这些行为规范是衡量研究者道德品质的重要标准。

科学道德规范是针对科研活动判断正当和不正当、诚信和不诚信、权利和义务等的道德准则。科学道德对于确保科学的可靠性、诚信性和社会责任感至关重要。它不仅是科学研究的基本准则，有助于保持科学的正直与公正，更是科学研究可信度和价值的重要保障。科学家应该时刻明晰科学道德要求，并以诚实、公正和负责任的态度来开展科学工作。

具体而言，科学道德要求科研工作者在以下几个方面做到自律。① 诚实和透明：科研工作者应遵循诚实和透明的原则，不隐瞒或篡改实验数据、结果或观点；

应正确地记录、保存和报告研究数据，并提供充足的信息和材料，使其他研究者能够验证和重复实验。② 学术正直：科研工作者应遵循学术正直的原则，不进行学术不端行为，如剽窃、抄袭他人的研究成果，或利用他人的研究成果未经授权而进行发布或申请专利等。③ 研究伦理：科研工作者应遵守研究伦理规范，尊重研究对象的权益，确保他们知情同意并保护其隐私；应遵循伦理委员会的审查和批准程序，在进行涉及人类或动物的研究时遵守伦理原则。④ 作者贡献和署名：科研工作者应确保研究成果中的作者署名符合其实际贡献，不将没有实际贡献的人列为作者；应尊重其他人的知识产权，遵守专利和著作权相关的法律法规。⑤ 学术交流和合作：科研工作者应积极参与学术交流和合作，分享自己的研究成果并采纳其他人的建议和意见。

总之，科学道德是科研工作者必须恪守的准则，它对于维护科学研究的纯洁性，推动科学进步，以及促进人类社会的和谐发展具有重要意义。通过加强科学道德教育、完善科研管理制度以及提高科研工作者的道德素质，可以共同营造一个诚信、公正、负责任的科学研究环境。

二 负责任的研究行为

负责任的研究行为（responsible conduct of research，RCR）的概念源于学术共同体和社会对科研人员和科研机构的理想要求，即坚持科学研究的基本伦理原则：坚持客观性，对科学真理负责；坚持人道主义，对人类负责；坚持社会公正，对社会负责；坚持可持续发展，对生态环境负责。这些原则体现了科学文化与现代社会的基本价值取向：客观、准确、公正、效率、人道。它要求科研人员和科研机构的行为一方面要对学术共同体负责，恪守科学价值准则、科学精神和科研行为规范；另一方面要对社会负责，遵守社会普遍接受的伦理原则和行为规范。

负责任的研究行为涵盖了多个方面。1992年，美国国家科学院、美国国家工程院和美国国家医学院（合称"美国三院"）联合发布了《负责任的科学：确保研究过程的诚信》报告，最早对如何开展负责任的研究提出了明确且具体的框架，对负责任的研究行为的类型进行了划分。之后，尽管很多学者和科研管理机构都尝试对负责任的研究行为提出操作性定义和相应的分类方法，但是学界对于负责任的研究行为还没有形成相对统一的分类标准。

可以说，负责任的研究行为包括但不限于以下方面。① 诚实和透明：确保研究数据的真实性和准确性，不篡改或伪造数据，公开所有的实验细节和方法，以便他人能够验证和重复实验结果。② 尊重受试者：确保受试者的权益和尊严得到尊重。这包括获得受试者的知情同意，保护其隐私和个人信息以及在研究过程中尽可能减少对受试者的伤害或不适。③ 遵守伦理原则：确保研究不会对人类、动物或环境造成伤害。这包括避免不必要的伤害和痛苦，确保动物实验的必要性，并采取适当的措施减轻动物的痛苦。④ 正确引用和避免学术不端：正确引用他人的研究成果，避免抄袭、剽窃和重复发表。同时，也要避免其他形式的学术不端行为，如买卖数据或者论文、不当署名等。⑤ 合作和共享：与其他研究人员合作，共享资源和数据，促进研究的开放性和可重复性。同时，也要尊重他人的知识产权和工作成果。⑥ 负责任的研究报告和公开：确保研究报告的准确性和完整性，避免偏见或误导读者；及时公开研究成果，以便他人能够利用和进一步发展。

总之，负责任的研究行为是科研人员和科研机构的基本要求，旨在促进研究的诚实、透明、准确、负责任和可重复性，以推动科学的发展和进步。

三　科技伦理

现代科技的爆发式增长以及先进技术的实施应用，给现代社会带来了严峻挑战。这不仅是科学本身发展面临的伦理问题，更是现代人类谋求发展过程中必须面对的伦理挑战。所有科技活动的目的应该是增进人类的文明和福祉，让人类更好地生存和生活。因此，科学技术活动既是"人为的"，也是"为人的"。科学技术活动的这一定位规定了科学技术本身对于人类的工具／手段性价值。万俊人在《理性认识科技伦理学的三个维度》一文中指出，"科技伦理"是指科技创新活动中人与社会、人与自然和人与人关系的思想与行为准则，它规定了科研人员及学术共同体应当坚持的共同价值观、社会责任和行为规范，是科学技术作为现代社会发展第一驱动力不可缺少的导航器，是人类科技实践能够始终沿着正确价值导向行稳致远的润滑剂和意义源。

一些涉及人类生命健康与尊严、人类社会安全与发展的重大事件的发生，促使世界各国开始关注科技伦理问题。比如，第二次世界大战后许多科学家和社会有识之士对科学技术的社会后果以及科学家的伦理责任进行反思，他们特别关注非人道的人体实验、原子能利用以及防止对科学技术的错误利用等问题。他们开展相关研究并形成共识，讨论提出指导原则，并不断完善制度规范和监管措施。20世纪70年代以后，生物技术和信息技术的新进展引发了新的伦理问题，科学家们对基因研究、克隆技术的潜在危害和自己的责任范围等问题有了新的思考，强调应重视科学研究所导致不利结果的可能性和严重性。同时，哲学家也主动研究科学技术活动中的伦理问题。

在我国发生的来自国外的学者违规采集遗传基因样本事件、"黄金大米"事件、"干细胞治疗乱象"和"基因编辑婴儿"等，引起科技管理部门、科学界和社会公众对科技伦理问题的广泛关注，伦理相关管理制度和应对措施也在逐步完善。

当今世界科学技术发展的速度和规模不断增加，新的技术、发明和产品给人们的工作和生活带来了便利，给经济发展和人类社会带来了繁荣，但同时也存在潜在风险，带来社会、伦理和法律方面新的问题，甚至使人类的生存和发展面临不确定性与威胁。全球科学界对科技伦理问题越来越重视，以期在促进科学技术和经济社会发展的同时，通过人们的伦理道德规范，国际公认的原则、准则以及必要的法律制度和监管手段，创建有效的科技伦理治理体系，制约乃至消解科学技术发展所可能带来的各类风险和负面影响。

四　科研诚信

"诚"与"信"作为伦理规范和道德标准，起初是分开使用的。最早将"诚"与"信"连用的，是春秋时代齐国的管仲。《管子·枢言》中提出："先王贵诚信。诚信者，天下之结也。"管仲认为，诚信是凝聚人心、使天下人团结一致的精神基础。"诚信"一般指实事求是、诚实、守信、不欺骗、不弄虚作假、言行与思想一致。在英语中，"诚信"（integrity）除了"正直、诚实，不搞欺骗、权术、虚伪和各种肤浅的手法"等含义外，还有"坚定地按照道德、艺术或其他价值准则办事"的意思。斯蒂芬·卡特（Stephen L. Carter）在其专著《诚信》（Integrity）中提出，每个人都承诺维护诚信，但往往承诺却未能实现。他认为对诚信的基本要求是：① 区分什么是对的，什么是错的；② 按照自己所认为正确的做法行事，即使要为此付出代价；③ 公开说明自己是按照所认为正确的做法行事。

诚信是人类社会的基本道德准则，也是科学的生命。科研诚信是科研工作者在科研活动中必须恪守的基本准则和道德底线。它要求科研工作者在追求科学真理的过程中，始终保持诚实、客观、公正的态度，严格遵守科学研究的规范和方法，不得有任何弄虚作假、抄袭剽窃、篡改数据等不端行为。

美国学术诚信研究中心（The Center for Academic Integrity，CAI）将科研诚信定义为：即使在逆境中仍坚持诚实（honest）、信任（trust）、公正（fairness）、尊重（respect）和责任（responsibility）这五项根本的价值观。一般说来，科研诚信涉及四个不同层面的问题：① 防治科研不端行为（伪造、篡改和剽窃）（fabrication，falsification，plagiarism，FFP），同时重视和治理科研中的不当行为（questionable research practice，QRP）；② 制订和落实一般科研活动的行为规范准则以及与生命伦理学研究相关的规章制度和行为指南；③ 规避和控制科研中由商业化引起的利益冲突，同时注意来自政治、经济发展等方面的压力对科研的影响；④ 既强调与科研人员道德品质和伦理责任相关的个人自律，也关注科研机构的自律、制度建设和科技体制改革问题。

在当前科技创新深刻影响国家命运和民生福祉的大背景下，弘扬科学家精神和优良学风作风显得尤为重要，它激励着广大科技工作者勇攀科技创新高峰。本节介绍了学术规范中常用的几个概念——科学道德、负责任的研究行为、科技伦理、科研诚信。一般来说，科学道德是国内较早期涵盖了科研诚信、科技伦理、作风学风相关问题等的概念，是我国学术共同体和管理机构常用的、包含大部分学术规范的概念。负责任的研究行为则是西方学术共同体常用的包含大部分学术规范的概念。科技伦理是用伦理原则衡量并受伦理原则指导的研究行为，主要规范科研人员和研究对象之间甚至是与社会、自然之间的关系。科研诚信则是用专业标准衡量并受专业标准指导的研究行为，主要规范科研自身的一些行为。了解科研诚信和科技伦理的基本要求，将学术规范和科学家精神内化于心、外化于行，以纯粹诚实之心对待科学事业时，优良作风学风便有了坚实的支撑，科技强国的建设也将拥有强大的精神动力。

第三节　违背学术规范的行为

科研诚信和作风学风是决定科技事业成败的关键。正是科研人员坚持真理、开拓创新，才促进了科学技术的进步。但是随着科学技术与社会的关系日益密切，科研领域竞争日趋激烈，违背学术规范的行为也层出不穷，引发社会关注，并严重影响科学研究的社会声誉。

一 违背学术规范的行为

对科学研究中可能存在的违规行为的意识始于科学社会学家罗伯特·金·默顿（Robert King Merton）。但在默顿的科学社会学研究中，这个现象并不具有问题的独立性。按照他的研究，这种违背学术规范的违规行为是越轨行为的一种表现形式。默顿对越轨行为的社会学定义是：越轨行为是指明显地背离了与人们的社会地位相关的规范的行为。而违背学术规范的行为是对科学规范的不被允许的背离，是正常科研活动之外的异常，其中，科学的规范系统不仅包括技术规范，还包括行为（或道德）规范。科研人员在科学活动中一旦发现违规行为，将受到学术共同体的道德谴责。

然而，从传统的科学社会学到科学知识社会学，有关违背学术规范的行为的观念发生了转变。科学知识社会学认为违背学术规范的行为是科研活动中自带的或本身所固有的。科学知识社会学区别于传统的科学社会学把科学知识内容从社会学研究中排除出去的做法，认为科学知识是行动者利用各种资源进行研究后达到的结果，科学知识不是完全客观中立的，科学研究实际上是一种竞争活动。这种竞争既推动了科学的发展和进步，同时也导致了违背学术规范的行为的滋生。违背学术规范的行为成为一种在竞争中取得成功的策略。

这种对违背学术规范的行为的探讨，实际上是从哲学、社会学视角出发，其目的是揭示违背学术规范的行为到底是什么。但是，在实践层面，对于违背学术规范的行为的定义，则是基于行为处理体制机制的设置和实际操作的需求，是对于哪些行为要纳入政策管理的范围中的界定，比如，一般认为的严重的违背学术规范的行为包括伪造、篡改和剽窃。后来这些行为被称为"科研不端行为"（misconduct in science）。

此外，还有一些研究行为虽然违背了科研事业的基本道德原则，但又没有突破相关的道德底线，它们被称为有问题的研究行为或科研不当行为。科研不当行为是介于负责任的科研行为和科研不端行为之间的灰色地带。这种界定方式既基于问题实质，也出于管理需求。

二 科研不端行为的界定

20世纪80年代以来，随着科研不端行为案例的不断曝光，科研不端行为开始成为国际科技界乃至全社会共同关心的焦点问题。政策或者社会层面对于科研不端行为的界定是一种范围的框定。美国是最早从这个层面提出科研不端行为问题并积极着手治理的国家。1981年3月，美国国会、众议院科学技术委员会下属的"调查与监督分会"就生物医学领域发生的科研不端行为召开听证会。1983年，美国卫生与公众服务部（Department of Health and Human Services，HHS）颁布实施了首部应对"科研欺骗行为"的管理规定，这套政策实现了科研不端行为政策从无到有的突破，但整体政策过于宽泛，缺乏具体的可操作性。1988年，在美国政府的《联邦公告》（*Federal Register*）中第一次明确了科研不端行为的一般性定义：在申请课题、实施研究、报告结果中编造、伪造、剽窃或其他违背学术共同体惯例的行为。1989年，美国公共卫生局将科研不端行为定义为：在建议、进行或报告研究时发生的捏造、篡改、剽窃行为，或严重违背学术共同体公认规则的其他行为。美国国家科学基金会（National Science Foundation，NSF）将科研不端行为界定为，在NSF资助项目的申请、研究和报告环节采取弄虚作假、伪造、剽窃或其他严重违背科学界公认惯例的行为以及对举报越轨行为的人和未同流合污的人进行打击报复。

此后，针对"科研不端行为"概念及外延的界定引起了学术界及外界的广泛讨论。《负责任的科学：确保研究过程的诚信》报告中对科学不端行为的定义为：在申请课题、实施研究、报告结果的过程中出现的捏造、篡改或剽窃行为。1996年4月，美国国家科学技术委员会（National Science and Technology Council，NSTC）根据科技界的要求组织了一次讨论会，并根据讨论结果起草了《规范科研不端行为定义及其调查、处理程序》的初稿。在此基础上，美国总统科技政策办公室（The White House Office of Science and Technology Policy，OSTP）作为协调机构，领导了联邦关于科研不端行为政策的后续修订工作，并于1999年10月将联邦科研不端行为政策公之于众，接受公众评论。此后OSTP又组织科学家和法律专家对公众意见进行研究，并进一步听取有关部门的意见，历时一年，终于在2000年12月公布了统一的联邦政策，并沿用至今。之后，各有关联邦机构相继依照联邦政策制定出具体的实施细则。

OSTP正式公布的科研不端行为的标准化定义是：在计划、完成或评审科研项目或者在报告科研成果时伪造、篡改或剽窃……伪造是指伪造资料或结果并予以记录或报告……篡改是指在研究材料、设备或过程中作假或篡改或遗漏资料或结果，以至于研究记录没有精确地反映研究工作……剽窃是指窃取他人的想法、过程、结果或文字而未给予他人贡献以足够的承认。科研不端行为不包括诚实的错误或者观点的分歧。科研不端行为的认定必须严重违背相关研究领域的常规做法，并且不端行为是蓄意的、明知故犯的或是肆无忌惮的，对其投诉的证据也是确凿的。

据 2000 年的调查，美国半数以上的科研机构对科研不端行为的界定超出了伪造、篡改的范围，在有些领域内，违反保密、署名和发表的规定，未能举报或者包庇不端行为，妨碍调查和报复，滥用科研基金，甚至性骚扰也有可能被认定为科研不端行为。《负责任的科学：确保研究过程的诚信》报告涉及的行为类型包括科研不端行为、有问题的研究行为、不良研究实践、其他不端行为等。这种定义情况的出现源于不同组织和机构的性质及其管理权限。

全欧科学与人文学院联合会（All European Academies，ALLEA）于 2017 年制定了《欧洲科研诚信行为准则》。该准则应用于欧洲国家，并且提供了一个不具约束力的框架，可以根据需要添加相应的规则。该准则认为科研不端行为包含"伪造""篡改""剽窃"以及"未能满足明确的道德和法律要求"，如利益虚假表述、违反保密条款、缺乏告知后许可和滥用研究受试者或材料，还包括"对相关行为的不当处理"，如试图掩盖不端行为以及对揭发人进行报复。欧洲不同国家对于科研不端行为的界定有所不同。英国、德国更强调欺骗等不端行为的客观影响，将因疏忽大意或有意为之的违规行为均纳入科研不端行为。瑞典科学院（Swedish Academy of Sciences，SCNAT）在《科研诚信——准则与程序》中则将侵害知识产权、妨碍或损害他人研究活动、报复举报人、违反慎重职责等纳入科研不端行为的范畴。相比之下，澳大利亚将滥用职权、未能处理好利益冲突、在经费申请中出现差错和疏忽等纳入科研不端行为范畴。

从对科研不端行为的政策界定来看，各国一般都认同伪造、篡改、剽窃是科研不端行为的核心。伪造、篡改、剽窃已经成为严重科研不端行为的核心内涵。对伪造、篡改、剽窃之外的行为，不同机构的表述有所不同，主要是三种：第一，具体列举其他行为类型，比如署名问题、违反伦理准则等；第二，只陈述为"其他违反良好科研实践（或科学道德、科研诚信等）的行为"，但并不具体说明是什么行为；第三，只陈述为"其他行为"，但并不具体说明是什么行为。从定义的结构来看，一般机构的科研不端行为定义具有集中性，即倾向于把科研不端行为的总体定义和具体行为列在一起，用具体行为来显示总体定义。这是一种范围定义法，它使得定义更加具有可操作性。

我国科技管理部门与学术界对于科研失信相关概念界定较晚。1996年11月，中国科学院设立科学道德建设委员会，负责组织和领导学部的科学道德和学风建设工作，这是我国最早正式设立科研诚信管理部门的单位。随后，中国工程院（1997年8月）、国家自然科学基金委员会（1998年12月）、教育部（2006年5月）和科技部（2006年11月）先后成立各自的科研诚信管理部门。而在科研诚信政策方面，自1999年多部委联合发布《关于科技工作者行为准则的若干意见》以来，各个部委从各自角度陆续制定了一系列加强科研诚信建设的政策法规。在国家层面，2016年1月，国务院办公厅发布《关于优化学术环境的指导意见》，从科研管理环境、宏观政策环境、学术诚信环境等角度出发，提出了宏观指导意见及保障措施；2018年5月，中共中央办公厅、国务院办公厅联合印发了《关于进一步加强科研诚信建设的若干意见》，从完善管理工作机制、加强全流程管理及严肃查处违背科研诚信要求的行为等方面提出了指导意见，为进一步加强科研诚信建设、营造诚实守信的良好科研环境提供政策支撑。由此可见，尽管我国相关研究起步较晚，但政府管理部门给予了高度的关注。

在相关概念界定方面，就目前可以收集到的相关政策而言，与"科研失信"相关的且有具体定义的词语包括"不端行为"、"学术不端行为""科研不端行为""科学不端行为"等。这在2000年起的科技部、教育部、国家自然科学基金委员会、中国科学院以及中国科协等科技管理部门、教育管理部门、科技资助机构、研究机构、学术团体制定发布的相关科研诚信政策文件中，可以非常清晰地看到。

从定义描述来看，科研失信相关词语多被界定为"违反学术共同体""违背科学道德""违背社会道德"等形式，而"抄袭""剽窃"等多为其具体表现形式。由于各个部门工作管理的内容不同，不同部门在对概念的界定上也存在一定的差异。科技部的界定侧重于科研成果的科学性，教育部的界定注重成果的规范性，而国家自然科学基金委员会主要针对基金项目管理中的各类违规行为，如对于科研不端行为的定义包括"违反科学基金管理规章的行为"。从国家层面来看，中共中央办公厅、国务院办公厅2018年印发的《关于进一步加强科研诚信建设的若干意见》和2019年印发的《关于进一步弘扬科学家精神 加强作风和学风建设的意见》中均没有提出与科研失信相关的规范概念，也没有对科研失信相关概念进行明确的定义，对科研失信的界定并不是直接进行描述，而是从管理的角度，通过规范性文件对科研失信行为的范围进行框定，便于在实际操作中对行为进行判定和惩处。

在国内学术界，同样存在词语及定义未统一的情况，前后出现了"科学不端行为""科研不端行为""学术失范""学术腐败"等用语。学术界之前多借鉴美国提出的"科研（科学）不端行为"等概念，随着研究的深入，学者们从其他领域引入"学术腐败"的概念。此外，由于词语使用始终未统一，因此又出现其他多种多样的说法。从具体的概念界定来看，学术界前期对于科研失信的研究大多只是提出相关词语而未对其做出界定，之后通过借鉴国外及其他领域的相关概念才逐渐将概念区分为针对问题实质的概念界定和针对问题应对的范围框定。"科学不端行为""科研不端行为""学术失范""学术腐败"等虽含义、范围有所不同，但都指科学研究、学术活动中违背学术规范的行为；而对于需要纳入调查、处理范围的行为，则一般用"科研失信行为""科研不端行为"来定义。

2022年8月，科技部等二十二部门印发《科研失信行为调查处理规则》，对科研失信行为的界定进行了更新和完善，以下行为都可能被纳入调查处理范围："（一）抄袭剽窃、侵占他人研究成果或项目申请书；（二）编造研究过程、伪造研究成果，买卖实验研究数据，伪造、篡改实验研究数据、图表、结论、检测报告或用户使用报告等；（三）买卖、代写、代投论文或项目申报验收材料等，虚构同行评议专家及评议意见；（四）以故意提供虚假信息等弄虚作假的方式或采取请托、贿赂、利益交换等不正当手段获得科研活动审批，获取科技计划（专项、基金等）项目、科研经费、奖励、荣誉、职务职称等；（五）以弄虚作假方式获得科技伦理审查批准，或伪造、篡改科技伦理审查批准文件等；（六）无实质学术贡献署名等违反论文、奖励、专利等署名规范的行为；（七）重复发表，引用与论文内容无关的文献，要求作者非必要地引用特定文献等违反学术出版规范的行为；（八）其他科研失信行为。"

其中，买卖实验研究数据，无实质学术贡献署名，重复发表，买卖、代写、代投论文或项目申报验收材料等，虚构同行评议专家及评议意见，以弄虚作假方式获得科技伦理审查批准，伪造、篡改科技伦理审查批准文件等，是近年来更加隐蔽和复杂的科研失信行为新的表现形式。

当然，虽然政策文件比较清晰地规定了纳入调查处理范围的这些行为类型，但是在具体实践中，不管是在研究中避免这些行为，还是在调查处理中判定这些行为，都还是会遇到不少困难，需要进一步了解这些行为的具体表现形式，因此文件中也明确了"本规则所称抄袭剽窃、伪造、篡改、重复发表等行为按照学术出版规范及相关行业标准认定"。后面的章节中将再做具体介绍。

三 科研不端行为的惩处

严肃惩治科研不端行为，有利于遏制科研不端行为的蔓延。如果失信者可以逃避制裁，或其失信行为所获得的利益远大于其为失信所付出的代价，就很难指望人们能够坚守诚信。因此，世界各国的政府部门和科技界，一方面都普遍重视对严重的科研不端行为责任者的惩戒。另一方面，各国在实践中也认识到，调查和处理科研不端行为决不能随意、鲁莽，并特别关注科研不端行为是否能受到合理的、一视同仁的处理，能否对举报者和被举报者提供合理的保护等问题。而要做到这些，首先必须有较完善的政策法规作为依据，因此都制定了严格的科研不端行为调查处理程序，开展科学、规范、公正、严谨的调查。

我国非常重视对科研失信行为的调查处理。2022 年，《科研失信行为调查处理规则》统一了处理尺度，规范了查处程序。科研失信行为的调查处理工作更加规范化。发现科研失信行为是开展调查处理的第一步。发现科研失信行为有很多方式，其中举报是重要方式。举报科研失信行为可通过下列途径进行：① 向被举报人所在单位举报；② 向被举报人所在单位的上级主管部门或相关管理部门举报；③ 向科技计划（专项、基金等）项目、科技奖励、科技人才计划等的管理部门（单位）举报；④ 向发表论文的期刊或出版单位举报；⑤ 其他途径。此外，有关单位应主动受理符合受理条件的科研失信行为线索，包括上级机关或有关部门移送的线索；在日常科研管理活动中或科技计划（专项、基金等）项目、科技奖励、科技人才管理等工作中发现的问题线索；媒体、期刊或出版单位等披露的线索。

相关主体在受理、调查和处理科研失信行为案件中应当承担相应的主体责任。科研失信行为被调查人是自然人的，一般由其被调查时所在单位负责调查处理；被调查人是单位主要负责人或法人、非法人组织的，由其上级主管部门负责组织开展调查处理。没有上级主管部门的，由其所在地的科技行政部门或哲学社会科学科研诚信建设责任单位负责组织开展调查处理。财政性资金资助的科技计划（专项、基金等）项目的申报、评审、实施、结题、成果发布等活动中的科研失信行为，由科技计划（专项、基金等）项目管理部门（单位）负责组织调查处理。科技奖励、科技人才申报中的科研失信行为，由科技奖励、科技人才管理部门（单位）负责组织调查，并分别依据管理职责权限做出相应处理。论文发表中的科研失信行为，由第一通讯作者的第一署名单位牵头调查处理；没有通讯作者的，由第一作者的第一署名单位牵头调查处理。

对科研失信行为的处罚可以发挥警示与震慑作用。违规处理措施包括"科研诚信诫勉谈话""一定范围内公开通报""暂缓授予学位""不授予学位或撤销学位"等十余种。此外，"记入科研诚信严重失信行为数据库"还被单列为处理措施，这是适应法律变化所做的调整。此外，还强调了对调查处理结果的应用，要求做出包含"记入科研诚信严重失信行为数据库"处理措施的单位，应按程序通过科研诚信管理信息系统汇交科研诚信严重失信行为数据信息，由有关部门和地方依法依规对严重失信行为人实施联合惩戒。

◆ 延伸阅读文献

[1] 科学技术部科研诚信建设办公室. 科研诚信建设相关法律法规和文件汇编 [M]. 北京：高等教育出版社，2017.

[2]《画说科研诚信》编写组. 画说科研诚信 [M]. 北京：科学技术文献出版社，2018.

[3] 中国科学院. 科研活动道德规范读本（试用本）[M]. 北京：科学出版社，2009.

[4] 美国科学、工程与公共政策委员会. 怎样当一名科学家：科学研究中的负责行为 [M].3 版. 曹莉，译. 北京：中国科学技术出版社，2014.

◆ 思考题

1. 科学精神最重要的是什么？

2. 请谈谈科研诚信、科研伦理、科学道德的区别与联系。

3. 请列举你所知道的科研失信行为。

4. 科研人员为什么会伪造、篡改或剽窃？

5. 对已经证实有科研不端行为的科研人员，什么样的惩罚措施比较恰当？

第二章
国内外科研诚信治理概况

在现代科学的早期发展阶段，学术规范和科研诚信的概念并不明确。科学活动的诚信主要依赖科学家的道德自律和学术共同体的非正式监督。19世纪末以来，随着科学研究的专业化和规模化，科研诚信问题开始逐渐受到关注。我国的科研诚信制度化建设虽然起步相对较晚，但是科研诚信建设和科研不端行为治理的相关政策制度和管理措施都在逐渐完善和系统化，在工作机制、制度规范、教育引导、监督惩戒等方面取得了显著成效。

第一节　科研诚信治理内涵与方略

"人而无信，不知其可也。"诚信是基本的伦理规范和道德标准，也是科学研究的生命线。早期，学术共同体被认为具有十分有效的自我控制与治理功能，可以通过自我纠正机制来保持科学事业的纯洁性。然而，20世纪80年代以来，为了应对日益加剧的科研不端行为及由此引发的广泛关注，欧美等科技发达国家率先开始从政府层面介入，与科学界共同治理科研诚信问题。科研诚信也从学术共同体内部演变至社会和政府公共政策领域。

一 科研诚信及其治理

科研诚信作为科学研究和学术活动的基本要求，并非一开始就存在于科学研究之中，而是随着科学方法的发展和社会对科学认知的需求逐渐形成的。在科学革命之前，科学研究往往与哲学、宗教等其他知识领域交织在一起，科学知识的产生和传播缺乏现代意义上的严谨性和透明度。17世纪，以弗朗西斯·培根（Francis Bacon）和勒内·笛卡儿（René Descartes）为代表的科学家们提出了实证主义方法论，强调观察和实验在科学探究中的重要性。这一时期，科学研究的可重复性和可验证性成为科学工作的基石，这是科研诚信作为科学研究和学术活动基本要求的逻辑基础。18世纪至19世纪，科学研究逐渐成为一种职业，学术共同体开始形成。科学期刊的出现和学术会议的举办，促进了科学知识的交流和验证。科学家的个人品德和职业行为开始受到重视，科研诚信开始成为学术共同体的内部规范。

20世纪初，随着科学研究的深入和科研资金的增加，科研不端行为开始引起关注。例如，1912年发现的皮尔当人（Piltdown Man）骗局，被认为是科学史上最著名的欺诈案例之一。20世纪初英国尤克菲城皮尔当村出土一块人类颅骨化石，被当时的考古学家认定为前所未见的早期人类化石，直到1953年才发现这其实是猿猴的下颚骨与现代人颅骨拼凑起来的赝品。这一事件暴露了科学界在验证和监督方面的不足，也促使科学界对科研诚信问题进行更深入的反思。

1942年，默顿在《论科学与民主》中首次提出现代科学的精神特征与基本科学规范，将其概括为普遍主义、公有主义、无私利性和有条理的怀疑主义，这四条规范从不同侧面规定了科学家的行为方式，塑造着科学家的整体形象，形成了科学家独有的精神气质。然而，进入20世纪后半叶，随着科研不端行为的增多及由此引发的广泛社会关注，政府开始介入科研诚信治理问题，科学界和政府开始共同建立正式的科研诚信制度。例如，美国国家科学院在1989年发布了《科学家职业行为准则》。同时，各国开始成立专门的调查委员会来处理科研不端行为，如美国的科研诚信办公室（Office of Research Integrity，ORI）。进入21世纪，科学研究成为全球性的合作事业，科研诚信也成为全球性问题。国际组织如世界科研诚信大会（World Conference on Research Integrity，WCRI）开始推动科研诚信的国际标准和最佳实践的建立。各国政府和科学界也在加强合作，共同应对全球性的科研诚信挑战。

当前，科研诚信问题在全球范围内得到了更广泛的关注，科研诚信治理呈现出多元化的发展趋势。不同国家和地区根据自身的科研环境和文化背景，形成了各具特色的科研诚信治理模式。国际科研诚信治理的历史演变表明，随着科研活动的全球化和复杂化，各国都在不断探索和完善科研诚信治理体系。未来，随着科技的不断进步和国际合作的深化，科研诚信治理将继续向着更加高效、公正和透明的方向发展。

二　科研诚信治理体系的基本内涵

科研诚信治理体系是以促进科技创新为导向，以培育科研诚信和遏制科研失信为目标，以规则和价值观为基础，以高制度化水平为特征，由政府、学术共同体、科技服务机构、科研人员等多方共同参与，贯穿科研成果、科研人员、科研组织和科研系统等多个层面的科研诚信建设系统。在不同语境下，科研诚信治理所表达的政策含义也存在一定的差异。

在科研成果层面，科研诚信治理重点关注科学研究数据的真实性、完整性，方法的可靠性、有效性，结果的透明度、可重复性。首先，科学研究数据的真实性和完整性是科研诚信治理的重要基础，要求科研人员在收集、记录和分析数据时，必须保持客观和诚实，不得有任何伪造、篡改或者选择性报告数据的行为。其次，研究方法的可靠性和有效性是保证研究结果可信的关键，要求科研人员在科学活动中使用的研究方法必须具有科学性和可操作性，避免使用未经验证或不适当的方法。最后，研究结果的透明度和可重复性是科研诚信的基本要求，尤其是可重复性原则，要求研究结果在同等条件下能被其他科研人员复现，这是科研成果得到认可的基本前提。

在科研人员层面，科研诚信治理强调科研人员遵守学术规范，树立正确的学术价值观，弘扬科学精神，提升科学素养，加强科研诚信教育，具有良好的社会责任感和使命感。首先，遵守学术规范是科研人员的基本要求，科研人员应当以务实求真的态度对待科研工作，坚决抵制各种不良风气。其次，弘扬科学精神是加强科研诚信治理的重要途径，科研人员应当敢于质疑、勇于探索，推动科学进步。最后，加强科研诚信教育是培养科研人员责任感和使命感的有效手段，通过制度化的教育培训，使得科研人员深入了解科研诚信的重要性，帮助其树立正确的科研态度。

在科研组织层面，科研诚信治理要求从事科研活动的各类企业、事业单位、社会组织为科研人员创造风清气正的良好科研环境，履行科研不端行为第一调查主体责任。首先，应当建立健全科研管理制度，明确科研活动的规范和要求，构建公平、公正、透明的科研环境。其次，应当把培育科研诚信文化作为重要任务，通过加强宣传教育、树立典范榜样等形式，积极培育良好的科研诚信文化氛围。最后，切实履行第一责任主体的职责，按照规定开展相关调查处理工作。

在科研系统层面，科研诚信治理致力于科研全系统的良性运行，包括科研经费资助、学术成果出版、科研成果转化、科技人才评价等具体方面。首先，在科研经费的分配过程中，确保公平公正，避免任何形式的利益输送和不当干预。其次，在学术出版中，始终坚持高标准的出版伦理和出版规范，建立健全各项出版管理制度，承担相应的科研失信行为调查职责。再次，在科研成果转化过程中，加强对转化效果的评估和监督，确保科研成果能够真正为社会经济发展带来实际效益。最后，在科技评价过程中，倡导建立科学、合理、客观、全面的评价体系，不仅仅关注科研成果的数量，更要关注质量，还要关注科研人员的科研诚信记录等。

不同层面的科研诚信治理需要不同的方法和策略，这也决定了科研诚信建设需要以多元治理理念为引领，针对具体问题探索科学、有效的治理方略，形成多层次的治理路径。

三 科研诚信治理的具体方略

从长远来看，科研诚信治理需要树立多元共治的理念，体现在以下方面。

（1）构筑多层级的治理结构，明确多元治理主体的权责

科研诚信治理结构主要包括决策、监管和执行三个层级。决策层负责科研诚信相关政策法规的建议、起草及修订工作。随着科学研究的深入发展，科研不端行为也不断出现新的变化，相关法律法规就需要持续修订或新增，及时完善科研不端行为界定和处理。监管层由政府各部门及各类科研基金会所设立的监察组织构成，负责审查、监督高校与科研机构的科研诚信建设工作，对科研不端行为有直接调查权。同时，开展科研诚信教育活动，培训科研诚信专员，向承担科研不端行为调查

的机构提供技术援助。执行层为从事科研活动的各类企业、事业单位、社会组织的科研诚信办公室或类似组织，专门负责科研不端行为案件调查、处理以及监管部门沟通等工作。

（2）创新多样化的治理机制，建立常态化的交流互动体系

传统的科研诚信治理方式较为单一，较多倚重监管部门的单向惩戒性行政管理。在多元主体共同治理过程中，各科研实践主体可以通过交流、合作、信息共享等多样化的形式，持续互动，实现多元主体的合作治理。科研诚信监管机构应积极与高校、科研机构、企业、学会协会、专业团体等建立常态化的合作交流，通过人才、技术等资源共享，寻求协同治理。在科研不端行为处理的实践中，为了消解不满和抵触情绪，提升查处结论的公信力，可以思考如何引入国际上常用的自愿和解协议机制，积极采取科学对话模式，使科研不端行为的处理更加规范化、合理化。

（3）扩展多维化的治理内容，采用多类型的治理措施

科研诚信治理是一个系统化工程，其治理内容既包括强规制性的惩戒措施，也包括科学价值观培育、学术规范普及的相关活动。科研不端行为的规制包括举报、核查、调查、复核、裁定和申诉等完整明确的工作流程，流程的细化和规范化有助于增强基层科研单位科研不端行为调查处理的可行性和效率。按照科研诚信管理内在规律，不同的处置方式适用于不同程度的科研不端行为类型，建立和运行严重科研不端行为记录信息系统可以使科研诚信信息实现共享应用，推进跨部门跨地区联合惩戒。在价值观培育、规范普及方面，随着科学研究模式和科学运行机制日益复杂化，学术规范越来越表现为系统的知识、标准和要求，除了一般的宣传、培训外，还需要开设学术规范方面的专门课程，将学术规范与知识传授、能力培养等有机地结合起来，把学术规范的教育落到实处，促进遵守学术规范的良好习惯与学风的养成。

第二节　国际科研诚信治理概况

科研诚信治理是一个全球性的问题，世界各国都在不断探索科研诚信治理的新

思路，在科学界自律与社会他律之间寻求适当的平衡，进而保证国家科研诚信治理体系的有效运转。国际上围绕科研诚信与科研不端行为的讨论主要形成了美国路径和欧洲路径的两种图景。欧洲国家相比于美国，更加注重通过自律和非立法形式开展科研诚信建设和科研不端行为治理。虽然理论上可以通过科研诚信立法与否来区分各国在科研诚信治理上的具体路径选择，但是现实中，现行法律条文与科研诚信治理措施之间的边界关系仍错综复杂，一些"准司法性"的惩戒措施也常出现在部分欧洲国家的科研诚信治理实践中。此外，国际组织通过制定和推广科研诚信国际准则、促进科研诚信治理方面的国际交流合作，在推动全球科研诚信建设、倡导科研诚信文化方面发挥着不可或缺的作用。科研诚信治理涉及多方主体，包括了国际学术组织、各国政府、科研机构、高等教育机构等多方利益相关者。随着科学技术的快速发展和国际合作的日益紧密，国际科研诚信治理是一个复杂的过程，科研诚信问题已成为全球科技创新面临的共同挑战，需要多方参与和共同努力。

一　国际组织科研诚信治理概况

（1）国际出版伦理委员会（Committee on Publication Ethics，COPE）

COPE 是一个非营利组织，成立于 1997 年，总部位于英国伦敦。截至 2024 年 3 月，COPE 已有超过 13 000 家会员，包括国际主流出版社 Elsevier、Springer、Taylor & Francis 等旗下的众多期刊。COPE 的主要目标是提高学术出版领域的伦理标准，促进出版伦理规范的制定和实施，以及为出版从业者提供出版伦理方面的指导和支持。COPE 致力于应对全球范围内违反出版规则的学术伦理问题，帮助会员期刊编辑和出版商处理出版中遇到的抄袭、捏造数据、虚假同行评议等科研不端行为问题，制定编辑行为准则及最佳实践指南，并鼓励出版机构遵守相关规则。

COPE 提出了一系列出版伦理的透明原则，对包括期刊网站、期刊名称、出版周期、审稿流程、期刊管理、论文出版费用、科研不端行为查处等的每一方面都有详细的规定，要求所有会员期刊遵守。此外，COPE 还提供了关于不当行为的指控、作者贡献身份说明、利益冲突、论文撤稿指南等方面的学习资源，如《出版规范指南》《学术出版的透明性原则和最佳实践》《论文工厂：COPE 和 STM 的研究报告》等，旨在推动多方共同努力，维护和促进科研诚信。

（2）国际科学技术和医学出版商协会（International Association of Scientific，

Technical and Medical Publishers，STM）

STM 是一个全球性协会，成立于 1969 年，总部位于英国伦敦。STM 成员包括出版商、学会、机构和其他与 STM 领域相关的组织，共出版了全球约 66% 的期刊论文和专著。STM 的使命是与会员一道推动可信的研究。自 2022 年以来，STM 明确了自身促进科研诚信、推进开放研究和履行社会责任的三大战略。

STM 高度重视科研诚信的治理，采取了一系列举措来应对科研诚信领域的挑战，关键举措有：成立科研诚信委员会，致力于制定和推广科研诚信的最佳实践，通过合作交流，分享知识经验，以提升整个行业在科研诚信方面的意识和应对能力；开展科研诚信建设项目，具体内容包括诚信中心（Integrity Hub）、图片改动和重复使用检测（Image Alterations and Duplications）、学术交流中的 AI 伦理（AI Ethics in Scholarly Communication）、同行评议术语（Peer Review Terminology）、研究数据计划（Research Data Program）、重复投稿检测（Duplicate Submissions Detection）等；制定和推广行业标准，如《学术出版中 AIGC 使用边界指南》《学术出版第三方服务的边界》和《学术期刊论文作者署名指引》等，旨在为学术出版提供清晰的指导和规范；推动国际合作。2023 年 10 月，STM 和中国高校科技期刊研究会在法兰克福联合举办研讨会，聚焦开放科学和科研诚信两大主题。同年 12 月，STM 与中国科学信息研究所在北京共同举办科研诚信建设研讨会，讨论在数据驱动环境下的科研诚信新挑战。

（3）经济合作与发展组织全球科学论坛（OECD Global Science Forum，OECD-GSF）

OECD-GSF 是一个国际组织，专注于科学政策问题，成立于 1992 年，最初名为"巨型科学论坛"，是经济合作与发展组织（OECD）科学技术政策委员会（CSTP）的一个附属机构。论坛的成立旨在为 OECD 成员和其他相关国家和地区提供一个讨论大型国际科研基础设施相关问题的平台，支持各成员改进其科学政策并从国际合作中受益。

OECD-GSF 发布科研诚信相关的指导原则和最佳实践指南，如《确保科学诚信和防止不当行为的最佳实践》《保障科学诚信及预防科研不端行为的最佳策略》等，为成员提供了一套共同的框架和标准。相关指南涵盖了科研诚信的诸多方面，包括数据管理、同行评审、作者署名、知识产权等，旨在引导科研人员和机构遵循高标准的科研行为。同时，OECD-GSF 定期举办研讨会、工作坊和培训活动，邀请科研诚信领域的专家学者分享最新实践，提高科研人员对科研诚信重要性的认识，并提供实际操作的技能培训。此外，OECD-GSF 还通过组织高级科学政策官员的磋商、建立特别工作组、进行调查和案例研究等方式开展工作，推动建立一个公正、透明的科研环境。

（4）欧洲科研诚信办公室网络（European Network of Research Integrity Offices，ENRIO）

ENRIO 成立于 2007 年，是一个由欧洲各国科研诚信建设机构组成的网络，旨在促进和加强欧洲各国在科研诚信领域的交流合作，共同应对科研不端行为，提升科研活动的可靠性。ENRIO 起源于英国科研诚信办公室（UK Research Integrity Office，UKRIO）在处理科研诚信案件时与其他组织建立的工作小组，目前已经发展成为一个涵盖 20 多个欧洲国家约 30 个成员组织的非正式网络。

ENRIO 的成员单位通常由各国政府或相关科研管理机构设立，负责处理与科研诚信相关的事务，如科研不端行为的调查、预防、教育和培训等。这些机构在各自的国家内扮演着重要的角色，通过制定和执行科研诚信政策来提供指导和支持，并开展相关的研究和宣传活动。ENRIO 发布了《科研不端行为调查建议书》（ENRIO 手册），为如何进行科研不端行为调查提供了详细指导和建议。这份手册是 ENRIO 在科研诚信领域的一个重要贡献，有助于提高欧洲范围内科研诚信政策的统一性，提升欧洲范围科研诚信治理的整体水平。

（5）世界科研诚信大会（World Conference on Research Integrity，WCRI）

WCRI 是一个国际性的会议，旨在促进全球科研诚信的交流与合作。WCRI 自 2007 年起举办，一般每两年一次，会聚了来自世界各地的科研人员、学者、政策制定者和出版商，共同讨论和探索科研诚信领域的各种问题和挑战。WCRI 不仅是一个讨论和分享经验的平台，也是一股推动科研诚信领域发展的重要力量。会议通过发表声明，如《新加坡声明》《蒙特利尔声明》《阿姆斯特丹议程》《香港宣言》《开普敦声明》等，为科研诚信的国际标准和实践提供了指导和参考。在过去的 17 年中，世界科研诚信大会发表的宣言具体内容如表 1 所示。

WCRI 的议题涵盖了科研诚信的多个方面，包括科研不端行为的预防和处理、科研诚信行为准则的制定与执行、科研数据的管理、科研教育培训、同行评审、出版伦理、科研合作中的公平性问题等。通过讨论这些议题，大会希望能够推动科研诚信的最佳实践，并促进国际的合作与理解。比如，第七届 WCRI 于 2022 年 5 月在南非开普敦召开，主题为"在不平等的世界中促进科研诚信"（Fostering Research Integrity in an Unequal World）。这次会议特别关注了国际科研合作中的公平问题，探讨了如何在科研合作中实现更大的公平性和包容性。WCRI 作为一个国际性的平台，不仅促进了科研诚信问题的国际对话，也为各国提供了学习和相互借鉴的机会，共同推动科研诚信治理的进步。

表 1　世界科研诚信大会宣言具体内容

时间	宣言名称	主要内容
2010 年	《新加坡声明》	提出了挑战，政府、组织和科研人员制定更全面的标准、行为准则和政策，以促进研究诚信的原则和责任
2013 年	《蒙特利尔声明》	强调了跨国、跨机构、跨学科和跨行业的科研合作中的诚信问题，并提出了在这些合作中各方应承担的责任和注意事项
2017 年	《阿姆斯特丹议程》	旨在通过建立"负责任的研究行为研究注册处"和鼓励资助机构支持科研诚信研究等措施，促进全球科研诚信
2019 年	《香港宣言》	强调了需要根据个人和机构的科研诚信原则与标准来确定科研的选题、设计、实施和报告，提出了对于科研人员评价的改进原则
2022 年	《开普敦声明》	强调了高收入国家与中低收入国家科研人员之间合作的不平等问题，并呼吁构建一个更加公平、公正、开放和包容的全球科研生态系统

二　发达国家科研诚信治理概况

（1）美国科研诚信治理概况

1985 年，美国国会制定并通过了《公共卫生拓展法案》，对于科研不端行为的临时定义、机构的职责以及案例的披露等做了明确的规定。随后不久，美国卫生部、国家科学基金会等机构各自出台了针对科研不端行为的应对策略和措施。然而，不同部门在早期对科研不端行为的定义和处理方式上存在显著差异，这导致了在实际操作中遇到诸多问题。为了提高科研不端行为调查和处理的规范性，从 20 世纪 90 年代开始，美国政府着手制定统一的科研不端行为调查和处理标准政策。以美国总统科技政策办公室 2000 年发布的《联邦科研不端行为政策》为指导，美国各联邦部门设立了各种应对科研不端行为的组织机构，制定了相关政策，其中以美国卫生与公众服务部的科研诚信办公室和美国国家科学基金会的监察长办公室最为知名。

2023 年 1 月，美国白宫科技政策办公室正式发布《联邦科研诚信政策和实践框架》，主要内容包括：统一了联邦机构对科研诚信的定义，指导各机构制定或更新自身的科研诚信政策，促进各机构对科研诚信政策进行定期评估与持续改进；同时要求美国政府所有机构都指定一名科研诚信官员，并在资助或监管机构设立一名首席科学家。该政策的核心目标在于强化科研诚信的保护机制，确保政策制定的科学性和有效性，为循证政策的制定提供坚实基础。

（2）英国科研诚信治理概况

英国国家层面没有设置统一组织或制定相关制度，而是由主管资金分配的研究委员会负责处理科研不端行为。但是，一些民间组织如英国科研诚信办公室（UK Research Integrity Office）、英国大学联盟（Universities UK）对促进英国的科研诚信建设、防治科研不端行为起到了重要作用。其中，英国科研诚信办公室对国内大学及科研机构科研诚信建设、应对科研不端行为的咨询服务具有一定特色。

大学和研究机构是科研诚信管理和教育的责任方，英国科研诚信办公室会提供咨询建议帮助其推进科研诚信建设工作。大学和研究机构必须遵循英国研究理事会的相关政策，才能获得竞争性经费分配的资格。在科研诚信教育方面，英国研究理事会（Research Councils UK，RCUK）的《培训与指导政策》（*Training and Mentoring Policies*）中规定，研究机构应建立科研诚信培训和指导的程序，所有科研人员都应对其了解。2012 年，英国大学联盟遵照英国研究理事会的政策，通过多家机构协商，共同签署了《维护科研诚信协约》（*The Concordat to Support Research Integrity*）。该协约虽然不是由国家主导制定，但目前已经成为英国应对科研不端的基本政策方针。

（3）芬兰科研诚信治理概况

芬兰教育和文化部下属的国家科研诚信咨询委员会（The Finnish Advisory Board on Research Integrity，TENK）是该国科研诚信建设、科研不端治理的主要机构。2012 年，咨询委员会印发了《负责任科研行为和科研不端与欺诈行为的处理程序》（*Responsible Conduct of Research and Procedures for Handling Allegations of Misconduct in Finland*）（简称 RCR 指南），为芬兰科研人员提供了一套负责任的科研行为的国家标准。RCR 指南的目标是促进负责任的科研行为，并防止所有参与科学研究的组织机构（如大学、研究机构、应用科学大学）的科研不端行为。同时要求在适用的情况下，与国内或国际的企业或其他合作伙伴合作时也应遵守这些准则。国家科研诚信咨询委员会与各大学及研究机构通过签署认同书的形式，来约定其遵守 RCR 指南。目前，芬兰所有的大学、研究机构、应用科学大学都签署了认同书。除了 RCR 指南之外，咨询委员会还发布了《人文社科和行为科学的研究伦理原则》和《道德审查建议》的指南。

（4）加拿大科研诚信治理概况

2011 年 11 月，加拿大卫生研究院（Canada Institute of Health Research，CIHR）、自然科学与工程研究委员会（Natural Sciences and Engineering Research Council of Canada，NSERC）和社会科学与人文科学研究委员会（The Social Sciences and Humanities Research Council of Canada，SSHRC）联合发布了《负责任研究活动的三机构框架》（*Tri-Agency Framework：Responsible Conduct of Research*），同时设置了"负责任研究活动委员会"（Panel on Responsible Conduct of Research，PRCR）来应对科研不端行为，将 2001 年成立的"研究伦理委员会"（Panel on Research Ethics）下属机构"研究伦理事务局"（Secretariat on Research Ethics）更名为"负责任研究活动事务局"（Secretariat on Responsible Conduct of Research，SRCR），并新增一名人员负责 PRCR 和 SRCR 的业务。

加拿大负责任研究活动委员会的主要职责非常全面，包括审核机构提交的科研不端行为调查报告，确定是否违反《负责任研究活动的三机构框架》；在《负责任研究活动的三机构框架》下提出科研不端行为的处理方案；向三机构提供与负责任的研究活动方面的相关建议；提出修改《负责任研究活动的三机构框架》的相关建议；每五年审核一次《负责任研究活动的三机构框架》。

（5）日本科研诚信治理概况

日本并没有成立国家层面的专门的科研诚信管理机构，而是通过科技最高决策机构综合科学技术创新会议等，对科研机构采取多种形式的调查，加强监管力度，支持机构加强监督检查措施的改革。为提高科研机构内部调查的透明度，举报窗口设在第三方机构，调查委员会需有第三方人员参加等，调查需要形成包括调查报告样本、内部规定等具体事项与自查清单。

2014 年，日本文部科学省印发了《关于处理科研不端行为的指南》，明确了日本政府对科研不端行为的基本态度，强调科研人员、研究机构、学术界的自律之外，还要强化科研机构的预防措施。以该指南为蓝本，总务省、经济产业省、厚生劳动省、国土交通省、农林水产省、环境省、防卫省等按照综合科学技术创新会议的精神并结合本部门特点，重新修改了面向科研人员的《关于处理科研不端行为的指南》。同时为了帮助经费管理机构和研究机构妥善处理科研经费的不端使用行为，该指南制定了举报受理、案件调查、调查结果公布的具体措施。

三　世界知名大学与科研机构科研诚信治理概况

（1）美国普林斯顿大学

普林斯顿大学的科研诚信事务主要由教务长办公室和研究生院负责，通过发布《学生学术诚信指南》，帮助本科生理解并遵守学术诚信的基本要求。该指南强调了在学术活动中保持诚信的重要性，要求学生在撰写论文或解决学术问题时必须确保作品的原创性，未经规范引用而使用任何非个人作品均构成抄袭；同时未经教师许可，不得将之前完成并提交过的课程作业再次提交给另一门课程；在完成作业前要求学生充分了解对小组合作的规定，包括允许以小组形式提交作业、允许讨论但要求独立提交作业和要求完全独立完成，未经教师许可的合作或外部协助可能被视为违反学术诚信。

普林斯顿大学还对使用 ChatGPT 做出了最新的规定：在教师层面，建议教师鼓励学生以小组形式与 ChatGPT 进行互动，提出课堂上遇到的问题，并对其回答进行批判性评价；当学生完成了自己的论文草稿后，建议教师使用 ChatGPT 生成一份草稿，比较并分析两者之间的区别；如果学生想在自己的论文中加入 ChatGPT 生成内容，教师应当为学生提供适当的引用指导。在学生层面，学生必须独立完成所有课程作业，严禁在未经授权的情况下使用 ChatGPT 或其他人工智能工具辅助作业；在使用 ChatGPT 等工具进行课程作业前，学生必须获得授课教师的明确许可，并在作业中明确标注使用的工具和引用来源。

（2）荷兰莱顿大学

莱顿大学学术诚信委员会汇集了来自各学院的资深教授，致力于调查并处理涉及科研不端行为的指控，共同维护学术诚信的高标准。学术诚信委员会分为两个专门小组，第一小组负责处理针对本校师生科研不端行为的举报，第二小组则专注于处理侵犯本校师生正当权益的科研不端行为的举报。在《荷兰科研诚信行为准则》政策的基础上，莱顿大学制定了本校的科研诚信政策和数据管理政策，明确了师生在数据管理和存储方面应遵循的标准。

莱顿大学在科研诚信治理方面独具特色，除了科研诚信官员之外，还设立了诚信保密顾问，其职责是当某人怀疑校内师生可能存在科研不端行为时，可以与诚信保密顾问取得联系，后者在完全保密的原则上提供咨询意见，并告知举报人应当遵循的举报途径和程序。诚信保密顾问独立于学术诚信委员会，将与举报人一并评估科研不端事件的严重程度，并决定是否向学术诚信委员会提交举报。此外，莱顿大学还设立了教工科研诚信协调员等职位，多方合力共同开展科研诚信治理工作。

（3）日本东京大学

为了强化科研诚信治理，东京大学实施了多项关键措施。该校发布了《东京大学科学研究行为准则》和《东京大学防止研究欺诈行为的规定》等指导文件，建立了一套较为全面的预防和处理科研不端行为的管理体系。2014年，东京大学又推出了《研究伦理行动计划》，在校园内推行研究伦理教育，特别强调对科研人员进行专业的行为规范和研究道德教育，以促使科研人员遵守学术道德规范，防止科研不端行为，保障研究的公正性。2016年，东京大学对《学术不端行为处理规定》进行了修订，进一步明确了科研不端行为的调查和处理程序。

在处理科研不端行为的过程中，东京大学强调对指控者和被指控者的申诉权利的尊重。具体的调查流程包括指控与质询、初步调查、正式调查、裁定、申诉、重新调查、公布结果等阶段。此外，东京大学还通过组织研究伦理教材竞赛、学术研究伦理研讨会等活动，加强对科研人员的学术诚信和学术伦理教育。通过上述政策文件与科研诚信治理相关活动，东京大学进一步加强了校内科研诚信治理管控力度，体现其对于维护科研诚信和研究质量的坚定决心。

（4）德国马克斯·普朗克研究所（Max Planck Institute）

马克斯·普朗克研究所是德国的一个著名的科研机构，隶属于马克斯·普朗克学会（Max Planck Society，简称马普学会），以其高水平的基础研究和跨学科合作而闻名于世。研究所致力于科研诚信建设，遵循良好科学的行为规范，定期邀请专家对机构内部科研项目的质量进行评估，在监测科学研究进展的同时，开展科研诚信方面的监管与评估。在按照科学研究的最高标准要求自身的同时，研究所也为其他研究机构或科研人员提供科研诚信建设方面的教育资源。

研究所在科研诚信治理方面遵循马普学会的相关规定，后者在20世纪末开始逐渐重视科研诚信治理，为有序开展科学研究活动提供规范性说明。马普学会于1997年通过了《处理涉嫌科学不端行为案件的程序规则》，2000年颁布了《良好科学实践规则》，并于2009年进行了修订。2022年，马普学会公布了《负责任行为准则》，这是加强科研诚信建设的重要指导性文件。可以看出，马普学会不仅在科研诚信制度政策上与时俱进，还从内容上不断丰富完善，构建了多层次的科研诚信治理格局。

（5）法国国家科学研究中心（Centre National de la Recherche Scientifique，CNRS）

CNRS是法国最大的公立研究机构，也是全球科研领域的重要参与者之一。CNRS高度重视科研诚信建设，实施了一系列综合措施，以确保科学研究的卓越品质。CNRS成立了科研诚信办公室，负责积极推广良好科研实践，并深入调查科研不端行为。办公室配备5名专业人员，其中1人专注于科研实践的规范化，其余4人负责对科研不端行为的指控进行调查处理。

CNRS充分认识到科研诚信教育的重要性，并将其作为博士培训不可或缺的一部分，要求博士学位获得者在论文答辩后进行诚信宣誓，标志着国家层面对科研诚信的重视。科研诚信教育旨在强化科研人员的职业责任感，并在科研生涯初期就树立起诚信的价值观。CNRS不仅在机构内部建立了一套完善的科研诚信管理体系，而且在整个法国科研界推动了对科研诚信的广泛关注和持续提升，这不仅有助于确保科学研究的高质量，也极大地增强了公众对科研工作的信任。

第三节　国内科研诚信治理概况

我国学界一直高度重视科研诚信建设，1981年5月，时任中国科学院院长方毅在第四次学部委员大会上报告了少数科学家的弄虚作假行为。随后不久，邹承鲁院士等人致函《中国科学报》，建议开展"科研工作中的精神文明"问题讨论。20世纪90年代，科技管理部门开始重视科研诚信管理工作，中国科学院、中国科学技术协会、中国工程院等机构先后设立科学道德建设委员会，专门负责科研不端行为的查处和科研诚信建设工作。2006年，科技部发布《国家科技计划实施中科研不端行为处理办法》，标志着我国首次将科研不端行为纳入法制化管理轨道。2018年，中共中央办公厅、国务院办公厅联合印发《关于进一步加强科研诚信建设的若干意见》，进一步明确了科研诚信治理的主体责任，对科研诚信建设工作进行了全面系统的部署。

党中央、国务院高度重视科研诚信建设工作。党的二十大报告强调了深化科技体制改革和科技评价改革的重要性，提出了加大多元化科技投入，加强知识产权法治保障，形成支持全面创新的基础制度的目标。同时，报告也强调了培育创新文化，弘扬科学家精神，涵养优良学风，营造创新氛围的重要性。《中国科研诚信建设蓝皮书 2021》中指出，需要客观反映我国科研诚信建设现状，总结科研诚信建设的成效和存在的不足，推动我国科研诚信建设工作，促进各类科研主体提升科研诚信治理水平。

一　科技管理部门的科研诚信治理

科技管理部门作为关键治理主体之一，在科研诚信治理中主要承担了制定科研诚信相关政策法规，为科研诚信治理提供制度保障的重要角色。

在科研诚信政策制度方面，2009 年 8 月，科技部、教育部、财政部、人力资源和社会保障部、卫生部等 10 部委联合发布《关于加强我国科研诚信建设的意见》，明确提出加强科研诚信教育，提升科学道德素养，这是我国首个以"科研诚信"为标题的政策文件，从国家层面开始对科研诚信建设工作进行系统部署。我国的科研诚信建设开始进入惩治与预防相结合的阶段。2014 年 3 月，国务院出台《关于改进加强中央财政科研项目和资金管理的若干意见》，提出完善科研信用管理，建立全过程的科研信用记录制度。2016 年，教育部出台《高等学校预防与处理学术不端行为办法》。2018 年，中共中央办公厅、国务院办公厅联合印发《关于进一步加强科研诚信建设的若干意见》，这是党中央、国务院围绕科研诚信首次出台政策，显示了对科研诚信建设的高度重视。2018 年以来，我国先后出台主要科研诚信政策共 10 份（见表 2）。随着政府各部门对科研诚信建设的不断重视，目前已经形成了国家层面、重点领域、地方政策相配套的科研诚信政策体系。

在科研诚信体系建设方面，1998 年 12 月，国家自然科学基金委员会监督委员会的成立直接推动了我国科学基金的科研诚信管理和科研诚信宣传。2007 年，科技部联合教育部、中国科学院、中国工程院、国家自然科学基金委员会、中国科学技术协会共 6 家单位设立了科研诚信建设联席会议制度，负责指导全国的科研诚信建设工作。目前联席成员已经扩大至 22 家。教育部社会科学委员会学风建设委员会和科学基础委员会学风建设委员会分别于 2006 年和 2009 年成立，进一步加强了对高校层面学风建设和科研诚信建设的管理与指导。

表 2　2018 年以来我国的主要科研诚信政策

年份	部门	文件名称
2018	中共中央办公厅 国务院办公厅	《关于进一步加强科研诚信建设的若干意见》
2018	国家发展改革委等 41 部委	《关于对科研领域相关失信责任主体实施联合惩戒的合作备忘录》
2019	中共中央办公厅 国务院办公厅	《关于进一步弘扬科学家精神　加强作风和学风建设的意见》
2020	科技部　国家自然科学基金委员会	《关于进一步压实国家科技计划（专项、基金等）任务承担单位科研作风学风和科研诚信主体责任的通知》
2020	科技部	《科学技术活动违规行为处理暂行规定》
2021	国家卫生健康委　科技部 国家中医药管理局	《医学科研诚信和相关行为规范》
2022	科技部等 22 部门	《科研失信行为调查处理规则》
2022	国家自然科学基金委员会	《国家自然科学基金项目科研不端行为调查处理办法（修订）》
2024	教育部	《关于加强高等学校科研诚信建设和学术不端治理的指导意见》
2024	教育部	《高等学校学术不端行为调查处理实施细则》

二　科研机构的科研诚信治理

在科研活动和科技管理领域，企事业单位和社会组织等机构是科研诚信建设的第一责任主体。《中国科研诚信建设蓝皮书》编写组于 2021 年向 571 家科研单位发放了“科研主体科研诚信与作风学风建设状况调查问卷”。调研结果表明，我国科研主体在科研诚信建设方面取得了显著进展。在科研主体的科研诚信政策方面，约 75% 的高校、科研院所等制定了一系列科研诚信政策，覆盖了本单位的科研诚信行为规范、科研不端案件调查处理、科研诚信教育宣传等多方面内容，涉及教师、学生、医生等人员类型。

在科研主体的科研诚信管理方面，各科研主体对科研诚信管理的重视程度在不断提升。超过90%的高校和科研院所建立了主要领导分管的科研诚信工作机制，通过学术委员会、学风建设委员会、科研诚信建设小组等开展科研诚信管理工作。2020年，被调研的115家高校中共发生科研诚信案件179起，查明确实存在科研不端行为的有79起。2019年和2020年，227家科研院所共发生科研诚信案件24起，查明确实存在科研不端行为的有8起。28家医院中查明确实存在科研不端行为的案件17起。

在科研主体的科研诚信教育宣传方面，科研主体的教育宣传以讲座形式为主。2020年，超过70%的高校开展了科研诚信/科技伦理相关主题培训，约44%的高校开设了科研诚信课程。约56%的科研院所开展了科研诚信培训，医院中的科研诚信教育宣传均是以讲座形式展开的。科研主体的科研诚信宣传教育取得了较好的成果，中国科学技术发展战略研究院分别于2007年和2016年对全国应届毕业博士生开展科研诚信问卷调研，结果表明在2007年仅有约21.2%的博士生从学校组织的课程中获得科研诚信相关知识，而到了2016年，这一比例已经上升至56.2%，说明高校科研诚信教育普及率明显提高。

三　科技社团的科研诚信治理

科技社团是科研人员自主建立、自愿参与、具有共同行为规范的专业社会组织。和高校等科研主体相比，科技社团在各自专业领域的学术资源更加齐全，在制定本学科领域科研诚信标准规范时也更具有优势。《中国科研诚信建设蓝皮书》编写组2021年向中国科学技术协会所属的210家全国学会团体发放的科研诚信建设状况调查问卷，涉及学科领域包括理科、工科、农科、医科、交叉学科等。调研结果表明，69.4%的学会认为学会在科研诚信建设方面发挥了"比较有效"或"非常有效"的作用，仅有2.8%的学会认为"不太有效"。

在科研诚信规范制定方面，约64%的学会结合本领域实际情况，制定、发出了科研诚信倡议或宣言，如中国宇航协会发布《恪守科研诚信准则　推动良好学风建设——致中国航天青年科技工作者倡议书》。学会发布的倡议或宣言内容较为充实明确，约60%的学会提出了崇尚学术民主、反对浮躁浮夸、履行社会责任等倡议。

超过 40% 的学会制定了本学科领域的学术自律制度，其中绝大多数学会强调了学会在坚守学术道德底线、严守科研诚信规范方面的责任，提出加强学术期刊管理和对会员的学术自律教育，规定了学会内部建立科研不端行为查处程序的具体规定。

在科研诚信教育宣传方面，学会在如何开展科研诚信教育方面做出了诸多探索，如在学术会议中增加科研诚信研讨会、邀请高水平专家做科研诚信专题报告等。目前，约 22% 的学会已经建立学术自律专委会，约 36% 的学会建立了科研诚信教育宣传制度，超过 60% 的学会举办过科研诚信相关讲座或宣讲会，约 31% 的学会在官网发布科研诚信宣传视频。

在科研不端案件查处方面，约半数学会建立了针对所属会员科研不端行为的调查处理机制，超过 70% 的学会明确了对科研不端行为的曝光方式和力度以及对相关责任人的惩罚措施。2019 年和 2020 年，共 7 家学会接到 24 起科研不端举报，经调查最终确认存在科研不端行为的有 16 起。在科研不端案件查处方面，学会发挥了良好的作用。

四　科技期刊的科研诚信治理

科技期刊是科研成果的重要载体，是科研诚信治理的守门人。《中国科研诚信建设蓝皮书》编写组 2022 年对中国科学技术协会主管的 521 家科技期刊展开科研诚信治理问卷调研，结果表明科技期刊在开展科研诚信宣传活动、加强科研诚信建设方面，进展比较明显。

在学风建设方面，绝大多数科技期刊都认同编辑人员、投稿作者和审稿专家在科研诚信意识方面有了显著提高，他们对培养未来科学家的学术风气、弘扬科学家精神以及推动学术风气建设的前景持乐观态度，并给出了较为积极的整体评价。

在制度规范建设方面，97.3% 的期刊制定了投稿作者科研诚信规范，92.82% 的期刊制定了审稿专家科研诚信规范，95.07% 的期刊制定了编辑人员科研诚信规范，98.21% 的期刊建立了三审三校制度，94.63% 的期刊建立了对疑似科研不端行为的处理规则，94.18% 的期刊制定了撤稿政策，84.75% 的期刊建立了失信作者黑名单。

在科研不端案件查处方面，73.5% 的期刊设有专人负责受理科研诚信案件举报并组织开展调查。2019 年至 2021 年，科技期刊在科研诚信案件举报受理、判定和处理数量上，均呈现连续下降趋势。

◆ 延伸阅读文献

［1］叶继元，等.学术规范通论［M］.上海：华东师范大学出版社，2005.

［2］复旦大学研究生院.研究生学术道德案例教育百例［M］.上海：复旦大学出版社，2018.

［3］《画说科研诚信》编写组.画说科研诚信［M］.北京：科学技术文献出版社，2018.

［4］中国科学院.科学与诚信：发人深省的科研不端行为案例［M］.北京：科学出版社，2013.

［5］侯兴宇.学术调查概论［M］.合肥：中国科学技术大学出版社，2021.

◆ 思考题

1. 多元共治理念下科研诚信治理中的"多元"包括哪些主体？各主体在科研诚信治理过程中应当发挥什么作用？

2. 结合国际一流大学学术诚信政策中对人工智能工具的使用规定，谈谈如何在学术研究中正确使用 ChatGPT 等工具。

3. 高校在科研诚信治理中扮演什么样的角色？对于本科生而言，高校在科研诚信教育过程中应当注重哪些问题？

第三章
科研设计实施的学术规范

一般来说，一项科学研究的实施要经过提出假设、实验设计、搜集数据、分析论证、形成结论的过程。在具体的研究实践中，科研人员首先需要确定研究选题、制定研究计划，之后才能开展科学研究，这是科学研究设计和实施的重要阶段，也是科技创新的起点，应当遵循相应的学术规范，避免发生违背学术规范的行为。

第一节　科研选题

科研选题是指形成、选择和确定所要研究和解决的课题。科研选题是科学研究的重要组成部分，它关系到科学研究的方向、目标和内容，影响着科学研究的途径和方法，决定着科研成果的水平、价值和发展前景。

一　文献调研

科研选题是科学研究中带有战略意义的一步。确认选题不仅是确定科学研究的方向，明确科学研究的目的，指出科学研究的路径，而且是科学研究迈出的实质性第一步。历史无数次地证明，科研选题正确与否直接影响着课题研究的成败。整体上，科研选题应坚持面向世界科技前沿、面向经济主战场、面向国家重大需求、面向人民生命健康，不断向科学技术广度和深度进军。在学科层面，科研选题应突出问题导向，符合科技伦理要求与科技安全规定，避免简单重复或低水平的研究，避免脱离实际或盲目追求热点。同时，科研选题必须严格遵循相关法律法规规定，不能开展法律法规禁止的研究。

科研选题是贯穿科研工作全过程的主线和科学研究的终点。科研选题应考虑研究的科学性、创新性、应用性、可行性，经过充分的文献回顾、调查研究和科学论证，结合完成研究所必需的资源条件，寻求研究领域中的难点、疑点、空白点。原则上，除非明确需要开展以验证为目的的研究，否则就应避免简单重复他人已经开展过的研究。

选题的首要任务是深入开展相关领域文献调研，全面了解和分析选题的研究现状和研究进展。此外，选题还需综合考虑科研人员、研究团队以及所在机构的资质和条件，评估其是否具备支持选题实施的能力。科研人员应充分准备，并严格遵守诚信原则，以防范失信行为的发生。文献调研工作涉及查找、整理和利用各类文献资料，如图书、期刊、学位论文、科学报告等，是选题过程中不可或缺的一环。

文献积累与整理是文献调研的前提和基础，这个过程旨在解决多个关键问题。首先，要明确查找文献资料的目的和要求，包括所需文献的时间范围、涉及的地域范围及学者群体等。其次，要探索多样化的文献查找渠道，如利用图书馆资源、互联网搜索、查阅综述性专著论文、参与专家专题访谈、参加学术会议等。此外，还需精心整理文献，记录重要观点、数据及其来源，为后续研究提供扎实的资料基础。文献查找和整理还应注意文献的权威性和时效性等因素，避免误用有问题（如已撤稿）的文献材料。

进入文献搜索、整理、分析阶段时，科研人员可能会面临一系列文献管理的实际问题。美国国家科学基金会调查显示，研究人员在查阅文献上花费的时间占其全部工作时间的 50.9%，这不仅凸显了文献调研在科研工作中的重要性，也表明文献调研较大的工作量和时间花费。因此，科研人员应重视文献调研工作，同时不断优化文献管理和分析方法，提高研究效率和质量。例如，采用恰当的方法和工具高效管理繁多的笔记资料，简化参考文献的排版工作以减少时间和精力的耗费，提高文献保存和下载的效率以避免重复劳动，等等。

除了传统的文献整理方式外，现在也有很多实用工具软件，大大提升文献和笔记管理的效率，以下是几种常用的文献管理软件。

文献调研的工具

（1）云笔记

目前市面上有很多云笔记，建议读者选择 1~2 款适合自己的来使用。

（2）参考文献管理工具

① EndNote 是一款集文献检索、文摘及全文管理、文献共享等功能于一身的老牌软件。其优势在于支持近 4 000 种参考文献格式，写作模板有几百种，大部分的文献数据库均支持 EndNote。

② Zotero 是一个开放源代码的文献管理软件，可以协助用户收集、管理及引用研究资源，包括期刊、书籍等各类文献和网页、图片等。相比于 EndNote，Zotero 最大的特点是无限级的目录分类，一个目录下可以分为多个子目录，这样管理起来更加方便。

③ NoteExpress 是一款专业级别的文献检索与管理系统，可以搜索知网的文献库，进行批量下载。文献资料与笔记（文章）功能协调一致。

④ Mendeley 是一款免费文献管理软件，同时也是一个在线学术社交网络平台。所有人都可以在 Mendeley 上搜索到世界各地的学术文献，Mendeley 可一键抓取网页上的文献信息，添加到个人的 Mendeley "library" 中，还可安装 MS Word 和 Open Office 插件，方便在文字编辑器中插入和管理参考文献，而且会根据文献库中的内容，为用户推荐相关领域的文献，扩展阅读。

充分的文献调研对于选题非常重要。因文献调研工作不足而导致错误地估计选题的创新意义，是选题阶段一个比较常见的现象。即使并非科研人员有意而为，这样的失误仍会导致科研人员时间和精力的浪费以及经费和材料的损失。同时，文献调研对于研究方法与路径的选择和确定也至关重要。

做好文献调研不仅是对他人研究成果的尊重，更是科学研究活动中不可或缺的环节。科学研究本质上是一个累积性的过程，即便是对原始创新课题的探索，也离不开对已有研究的深入了解和借鉴。只有对前人的工作给予充分的认可和评价，客观而精准地阐述已有研究取得的成果和存在的局限，才能清晰地界定自身研究与前人工作的边界，进而凸显出自身研究的创新价值。

二 选题应当遵循的原则

（1）科学性

选题的首要原则是确保其具有科学依据，即需基于真实可靠的证据。这既包括坚实的理论根据，也涉及经得起检验的事实根据，确保不违背那些已经通过调查和实验观测等手段验证过的经验事实和科学规律。例如，不应设计违反能量守恒定律的永动机研究。同时，由于经验事实和科学理论都在不断发展和完善中，选题所依据的事实和理论可能存在局限性。因此，在选题时，既要尊重现有的经验事实和科学理论，又不应受其束缚，应保持开放和前瞻性的态度。

此外，科研人员在选题过程中应保持对伦理规范的敏感性。科研人员应事先了解与选题相关的伦理政策、法规、条例和准则，并主动进行伦理评估。一旦发现选题涉及违反规定或伦理规范的内容或方法，应坚决拒绝并避免任何不道德的研究活动。如遇到难以准确评估的情况，应主动向相关机构寻求咨询和帮助。特别是在涉及生命科学、医学、环境科学等可能引发重大伦理冲突和道德抉择的研究领域，更应审慎行事，确保研究活动符合伦理规范，维护科研的纯洁性和社会的福祉。

（2）创新性

科学研究是人类的一种创造性活动，判断科研成果质量的最重要标准就是看其有无创新。科研选题从一开始就应当充分注意到这一点。所谓具有创新性的选题，指的是那些尚未解决或未完全解决的、预料经过研究可获得一定价值的新成果的课题，如新见解、新观点、新思想、新设计、新概念、新理论、新手段、新产品、新质量、新效益等。创新性体现了课题的研究价值，表现为新颖性、探索性、先进性、风险性等特点。如果不是以验证为目的，应避免重复别人已经研究和解决了的问题。

需要注意的是，创新性并不是要求所有的科研活动都必须是原创性的。科学研究的第二大特征是继承性和积累性，在前人的基础上进行创新是大部分研究的现状。对这类创新，归结起来要看它是否具有学术意义和现实意义，即看它是否有助于解决现有的学术问题和实际问题。其中，学术意义即研究选题属于学术前沿领域，可能在相关理论、观点、方法上有所改进或突破。现实意义即研究选题与人们生活和社会发展密切相关，其成果具有实际应用的价值，能够解决实际的问题，往往往带有一定的应用前景和经济利益。科研人员应客观地说明其选题的研究价值，不应虚构或夸大。

（3）应用性

研究选题应当紧扣生产活动和生活中的实际问题，着眼于其社会效能与价值。作为大学生，应当密切关注本专业的最新动态和发展趋势，选择那些能够解决现实问题的、具有实际意义的论题。应用性较好的选题通常涉及那些能够直接解决现实生活中的问题、提升社会效能和价值的主题。以下是一些应用性较强的选题示例：智能技术在教育中的应用与效果评估、城市垃圾分类政策实施效果与优化策略、健康管理与慢性病预防策略、农村电商发展与农民增收路径研究、绿色出行方式与城市交通拥堵治理、法学领域的法治观念深化、心理学范畴内的智能发展。这些选题都具有较强的应用性，能够针对现实问题提出解决方案或优化策略，对社会发展具有积极的推动作用。当然，选题的具体选择还需要根据科研人员个人的兴趣和专业背景等进行综合考虑。

同时，选题也应充分考虑其学术价值。学术价值是针对特定领域和问题而言的，通过深入研究这些问题，可以获得宝贵的客观材料，对历史或既定事实进行再评价，对现有观点进行补充和完善。事物是不断发展的，事物发展的规律性，前人无法完全预测，即便有所见解，也难免存在不完善之处。无论是自然科学还是社会科学，这种现象都普遍存在。因此，研究旨在进一步完善理论，或是对实践产生积极的推动作用，从而实现学术与现实的双重价值。

（4）可行性

科研人员在选题时，必须基于现有条件和已有研究基础，审慎评估选题的可行性。在确定选题时，科研人员应负责任地分析其实施的可行性，客观评估自身的研究能力和专业方向，避免盲目追求研究前沿和热门话题，或是单纯为争取科研经费而提出不切实际的选题。若选题超出自身能力范围或专业方向，应审慎考虑并做出必要调整。故意隐瞒或执意进行明知不可行的选题，是缺乏诚信的行为，且可能引发伪造、剽窃等科研不端行为。

关于选题的可行性，需综合考虑主观和客观两方面条件。主观条件包括科研人员的知识结构、研究能力、对课题的兴趣、理解程度和责任心等；客观条件则涵盖资料、经费、时间、协作条件等。对于应用性选题，还需特别考虑成果的开发、推广和应用条件。若条件严重不足，足以影响选题的开展或实施，科研人员应实事求是地调整选题，甚至考虑取消。例如，尽管探索冥王星或太阳系以外的外太空情况具有创新性，但受限于客观条件，此类选题并不具备实施可行性。因此，科研人员应坚持实事求是的原则，确保选题的科学性和可实施性。

三　选题中常见的不端行为

科研选题正确与否直接影响着课题研究的成败，但是反过来，如果为了研究的成功，或者说过度地追求成功，就可能在选题时发生一些有偏差的行为。

（1）虚假学术宣传

科研人员为谋取个人利益和荣誉，对于自身或其他利益相关方的学术水平，科研成果的学术价值、商业价值等以特定方式进行包装、剪裁、夸大等。这些行为不仅可能误导评审人员、公众和资助方，还可能产生不良社会影响。

（2）隐匿学术事实

在选题过程中，如果有选择性地使用或发布本应全面披露的信息，并故意隐瞒重要事实以谋取个人私利的行为，则违背了科研诚信原则。同时，随着实验观测的深入发展，科研人员应依据新的认识、发现和发明，对已有事实和理论进行持续的审视和更新，以确保研究的科学性和前沿性。

（3）违反科技伦理规范

对于涉及人类研究参与者或实验动物等需要进行伦理审查的科研活动，伦理审查是不可或缺的前置程序。任何不履行伦理审查义务或忽视伦理审查意见的行为，都会被视为科研不端行为，甚至可能涉嫌违法。因此，科研人员应高度关注研究活动中可能涉及的伦理问题，确保研究符合相关法律法规和伦理原则的要求。

（4）造假、剽窃、侵权

如果科研人员明知科研的可行性存在问题，仍然选择故意隐瞒或执意执行，这种行为极易诱发一系列严重的科研不端问题，如造假、剽窃和侵权等。造假行为表现为科研人员主观上虚构或修饰事实，使其失去客观真实性，这包括但不限于伪造数据、篡改实验结果以及虚假陈述等。剽窃行为则涉及将他人的学术成果，如学术出版物、思想观点等，擅自使用并声称为自己的成果，或者在使用他人成果时不明确标注其真正来源。侵权行为是指在科研活动中故意侵犯他人权益，严重的侵权行为甚至构成对著作权法的违反。这些行为不仅损害了学术界的诚信和声誉，也阻碍了科研的健康发展。因此，科研人员应当时刻保持诚信和严谨的态度，确保研究的可行性和真实性，避免任何形式的科研不端行为。

第二节　研究方案制定与项目申请

在确定选题之后，科研人员就要开始设计切实可行的研究方案，以保证后续的研究活动能够井然有序地开展。研究方案的制定不仅要切合实际，而且应当具体、细致。

一　研究方案制定

研究方案涉及研究的具体工作内容、预期目标、拟解决的关键问题等各个方面，包括研究内容、研究方法、研究步骤、研究条件、预期成果等。在研究正式启动之前，对这些方面均应做出具体的计划部署。因此，在制定研究方案时，科研人员需要注意以下几个方面。

（1）研究步骤的设计应切实可行

研究方案应当细致而周密地规划课题研究的全过程，明确每个阶段的研究任务、具体要求以及所需时间。这些实施步骤不仅是研究的程序，更是确保研究工作有序进行的关键。科研人员应详细列出每个步骤的研究内容，确保每个研究团队成员对研究进度和目标有清晰的认识。同时，将研究步骤具体落实到研究方案中，有助于课题管理单位对研究过程进行有效的监督、指导、检查和督促。重要的是，研究步骤的设计应基于实际需求和诚信原则，避免仅追求形式上的完善或为了获取资源而做出虚假设计。只有这样，才能确保课题研究工作按时、保质完成，并真正发挥其应有的价值。

（2）研究方法的选用应恰当

尽管科学研究在方法上的创新层出不穷，但科研人员不能片面地追求方法创新，而应深入了解所选研究方法的原理、流程以及在实际应用中可能遇到的挑战。在研究方法上，夸大其词或故弄玄虚是不恰当的，例如，为了美化研究计划而追求不切实际的新方法，或为了增加工作量而添加无实际应用价值的方法，这些行为均违背了科研诚信的基本原则。科研人员应坚守诚信，确保研究方法的真实性和有效性。

（3）研究条件的安排应实事求是

科学研究离不开充足的人力、物力及财力等必要条件和资源的保障与支撑，如果缺失了这些关键要素，研究工作将难以顺利推进。在制定研究方案时，必须充分考虑所需的实验条件，如特殊的实验材料、试剂和设备；还需规划好研究经费的使用；此外，合作者的能力与分工协作也是至关重要的因素，包括他们的知识结构、研究能力、对课题的兴趣、理解程度以及责任心等。

进入研究方案的设计阶段，科研人员应全面而客观地评估各项条件，并将其切实纳入计划中，以确保研究方案既具有可操作性又富有实效。在此过程中，对所需的设备、设施、物质材料以及研究经费和人员等，都应进行细致的分类与估算，并做出合理的安排。同时，要客观分析现有条件的优劣，明确哪些条件已经具备，哪些尚需努力争取。在资源利用上，应坚持节约与高效的原则，尽量减少不必要的投入，杜绝科研资源的浪费，以实现研究效益的最大化。

（4）预期成果应合理、恰当

研究方案中预期成果的设计至关重要，它能够为整个研究过程提供明确、有效的努力目标及其实现形式。科学研究具有不确定性，预期成果与最终实际结果之间可能存在差异，因此预期成果的设计需要保持一定的灵活性和开放性。然而，总体而言，预期成果应当合理、恰当，能够真实反映研究的预期效益和价值。科研人员应当避免不负责任地夸大或拔高预期成果以及为获取科研资源而过度渲染成果的行为。因为这些做法不仅可能导致科研人员采取不诚信的行为，其本身还违背了科研诚信规范。因此，在制定研究方案时，科研人员应当以诚信为基石，客观、审慎地设计预期成果，确保研究目标的科学性和可行性。

二　项目申请材料准备

随着科学研究的规模不断扩大，其对外部资金的依赖也愈发显著，因此，获取科研经费成为科研活动不可或缺的一环。科研经费的获取通常采取申请课题的方式，而项目既可以由资助机构根据社会发展需求来确立，也可以由科研人员基于科技发展的要求提出，并通过"申请－评审"机制进行资源分配。在这一过程中，确保申请材料的真实可靠性是保障科研资源公正、公平分配的基本前提。下面是一个项目申请阶段的典型不端行为。

案例

吴某某先后入职了国内的 6 所高校。在聘用期间，他通过篡改姓名和证件号码，在两年之内连续 6 次违规申报国家级项目（均未获资助），依托单位全都不一样。在这些项目申请中，吴某某在三个名字之间来回切换，同时篡改身份证号码，用了 5 个身份证号和 1 个护照号。其中 2019 年同时申报了 2 项国家级项目。

吴某某的行为最终被曝光。项目管理部门永久取消了吴某某的项目申请和参与申请资格，并对吴某某通报批评。

这个案例中，当事人提供了虚假的身份信息。案例警示我们，在项目申请中提供虚假陈述的"失真"行为属于伪造行为，将受到项目资助机构的严厉处罚。在申报各类项目时，确保材料的真实性至关重要。这不仅要求个人信息真实可靠，还要求客观陈述领域内的已有研究和研究预期以及个人或课题组的前期研究基础。具体而言，申报材料必须真实、准确、客观，避免使用相同或相似的研究内容重复申报，未经允许不得将他人列为研究团队成员，严禁抄袭、买卖、代写申报材料。同时，随着新兴技术的快速发展，还应警惕并避免在项目申请中使用生成式人工智能直接生成申报材料，以确保申请过程的公正性和科学性。

为确保申请材料的真实性，科研人员需重点关注以下几个方面：① 务必客观、详尽地阐述所申请项目的研究意义与价值，诚实描述研究方案及实施计划，杜绝任何虚构或夸大行为。② 准确、清晰地表述和评估已有的研究工作基础，充分尊重他人的研究成果，明确界定自己与他人工作的界限。③ 严格核实申请人和项目组成员的个人信息，确保准确无误；对申请书中所列合作人员，必须事先征得他们的书面同意，确保合作关系的真实性与合法性。④ 对于项目申请中涉及的实验设备、材料等，务必事先取得相关所有者的使用许可，确保研究资源的合法使用；针对尚缺的研究条件，应如实陈述并明确说明拟采取的解决途径，展现研究的可行性与严谨性。对此，项目资助机构通常会在申报通知以及相关项目管理文件中提出一些具体的要求，如国家自然科学基金委员会对申请基金材料真实性的要求包括：申请科学基金要客观、真实地填报申请材料，保证所提供材料的真实性和有效性；不得在依托单位、个人学历、专业技术职务、履历以及签名等方面有弄虚作假，甚至伪造的行为；要客观、准确地评述他人的研究成果和自己的贡献，并注明出处；反对伪造、篡改科学数据，抄袭他人申请书，剽窃他人学术成果等行为。

申请材料中常见的不端行为可以归结为以下几种情况：① 在申请书中冒用他人签名，伪造项目研究人员姓名，严重侵害他人权益；② 在项目人员的国籍、资历、研究工作基础等方面提供不实信息，误导评审专家；③ 抄袭他人申请书内容，剽窃他人学术成果，严重违背学术诚信原则；④ 伪造科学数据，或伪造国家机关、事业单位出具的证明，破坏科研活动的真实性和公正性。这些行为不仅损害了科研的声誉和公信力，也阻碍了科研的健康发展。因此，必须坚决打击这些不端行为，维护科研的纯洁性和公正性。

第三节　研究资源的使用

在科学研究中，研究资源包括经费、设备、材料、数据资料以及工作时间、人力资源等，甚至还包括个人名望、机构声誉、人际关系网络等。在科研工作中，合理地调动、分配和使用这些资源，既是推动研究顺利开展的基本要求，也是避免资源不当使用造成失信行为的关键。

一　工作时间的分配

科研人员的研究活动远不局限于实验室的直接研究，还包括参与培养工作、同行评议、项目申请以及学术交流等各类活动。这些活动均对时间有所要求，而每位科研人员的时间都极其宝贵，因此，如何在这些活动中合理分配时间成为一项重要议题。有时，科研人员需要同时为多个不同性质的机构或组织工作，这进一步增加了时间分配的复杂性。

科研人员应确保将充足的时间投入研究工作，这是履行职责的核心所在。科研工作涵盖资料收集与分析、实验设计与实施、学术讨论以及论文、专利和模型的撰写与修订等多个环节，这些活动直接关系到科研成果的产出和质量。因此，保证科研工作时间的充足和高效，是科研诚信规范的基本要求，也是科研人员履行在任职机构首要职责的重要体现。

科研人员应妥善安排与科研工作密切相关的各类学术活动的时间。这包括但不限于项目申请与经费筹集、研究生培养、学术会议参与、各类评审活动的参与以及接受考核与评审等。通过合理安排时间，科研人员能够确保这些活动对科研工作的促进作用得到充分发挥。

科研人员在担任学术团体、学术期刊、大学或科研机构等学术性兼职以及其他社会性兼职时，应严格控制投入的时间。特别是要避免担任过多与学术或科研无直接关系的兼职，以免干扰正常的研究工作。科研人员应妥善协调其他工作与直接研究工作的关系，确保研究工作时间的充足性和有效性。

时间作为科研活动中不可或缺的宝贵资源，其重要性不言而喻。若没有充足且有效的时间投入实际研究，即便拥有再精良的研究设备和充足的研究经费，也难以取得理想的研究成果。因此，科研人员在分配工作时间时，应严格遵守相关行为规范，诚实履行时间分配的相关协议，确保有足够且高效的时间用于科学研究。同时，科研人员还必须充分考虑自己的隶属关系以及所签署的各项合同或协议要求，以确保工作时间的分配既合理又有效。

科研人员在时间安排上应着重注意以下事项。

① 科研人员必须尊重和严格遵守任职机构的相关规定。由于科研活动可能涉及多个机构或组织，科研人员须确保在从事科研、学术、开发等活动时，对任职机构负责，并充分投入工作时间以履行其职责。若担任其他有偿顾问、进行有偿演讲、以顾问身份为私人公司工作，或承担外单位的重大管理责任或项目研究，均须事先获得任职机构的批准，并严格遵循相关规定。

② 科研人员应避免同时负责多项重大项目，因为每个项目的完成都需要投入相应的时间。他们应对资助机构保持诚信，确保所承诺的工作时间并按时完成研究计划中的任务，不得擅自将用于某个项目的时间挪用于其他项目。若无法确定和保证有足够的时间再承担其他项目，科研人员有责任如实告知项目委托方。

③ 教育、培训和指导是高级技术职称科研人员的职责所在。为确保培养质量，他们不应以任何理由削减用于教育、培训和指导的时间，也不应以参与课题研究、参加学术会议等方式完全替代直接的教学培养和研究指导。

关于科研工作的时间，在许多相关政策中都有规定，如于 2019 年印发的《关于进一步弘扬科学家精神　加强作风和学风建设的意见》中关于工作时间的规定，可以作为参考。

《关于进一步弘扬科学家精神　加强作风和学风建设的意见》
中关于工作时间的规定

三、加强作风和学风建设，营造风清气正的科研环境

（十二）反对浮夸浮躁、投机取巧。

参与国家科技计划（专项、基金等）项目的科研人员要保证有足够时间投入研究工作，承担国家关键领域核心技术攻关任务的团队负责人要全时全职投入攻关任务。科研人员同期主持和主要参与的国家科技计划（专项、基金等）项目（课题）数原则上不得超过 2 项，高等学校、科研机构领导人员和企业负责人作为项目（课题）负责人同期主持的不得超过 1 项。每名未退休院士受聘的院士工作站不超过 1 个、退休院士不超过 3 个，院士在每个工作站全职工作时间每年不少于 3 个月。

很多科研机构也对科研人员的工作时间有规定，如清华大学现代生命科学实验教学中心就有专门的考勤制度对工作人员的工作时间进行规定。

清华大学现代生命科学实验教学中心考勤制度

1. 中心全体人员施行上班考勤制度，中心负责人负责考勤。

2. 上班时间为 8：00—12：00；13：00—17：00。

3. 本中心全体人员均应按时上下班。

4. 因故不能上班，需事先向中心领导请假。特殊情况，可事后在三天内补假。不履行请假制度者以旷工处理。

5. 可实行负时请假，最多累计不超过五天，可用以后加班时间抵偿。一月之内不能抵偿者，上报院里，按有关规定处理。

6. 工作时间以外需要加班的，需上报中心负责人，以小时累计加班时间，并在适当时间安排倒休。

7. 三个月内不能安排倒休的，可适当给予加班补贴。

8. 特殊情况，经中心领导批准，可适当采取柔性工作制。

9. 其他情况，完全参照学校与院里有关规章制度执行。若有矛盾，则以校与院里有关规章制度为准。

国外相关科研管理部门和研究机构也将时间视为重要的研究资源，制定和出台了一些规定，如美国科研诚信办公室建议科研人员必须认真遵守时间分配的规则。联邦资助的科研人员，必须权衡利害，遵守由管理与预算办公室出版、名为《通知A-21》文件的规则。大多数的研究机构也分别对科研人员如何分配其时间，尤其是对用于有偿顾问、有偿演讲，或是以雇员身份为私人公司工作的时间进行了规定。这些规定至少对科研人员提出了如下要求：① 履行他们做出的时间承诺，如将规定百分比的时间用于一项资助项目或合同；② 避免同时负责两项资助来源的工作；③ 如果他们不能确定特定时间承担的任务是否被机构或联邦政府的政策所允许，就要去听取建议；④ 尽管科研人员要经常同时参与许多项目，但归根结底必须履行首要的工作职责。此外，专用于某一项目的时间，一般不能用于其他项目。

总之，科研人员的时间是有限的，时间分配是影响科学研究质量的重要因素。时间分配上的不诚实，也是一种不诚信的行为。

二 设备、材料、经费等的使用

科学研究的高成本，使研究工作的开展离不开相当规模的经费、实验材料及设备等资源的支撑。然而，设备、材料、经费等作为重要科学资源，还存在如何在科研人员之间合理分配和适时调整的问题。本部分着重阐述和讨论科学研究过程中资源使用相关的诚信问题。

近年来，随着科技投入的持续增长，科技事业迅猛发展，社会各界在期盼科研工作能够更快更好地产生创新成果的同时，也愈发关注财政科研经费配置的合理性以及经费使用的安全性和有效性。科研人员必须高度重视科研诚信，严格遵循相关规定，杜绝有意或无意的违规行为，确保科研活动的健康有序进行。

要注意的是，并不是只有科研人员或者大型的科研项目才会存在经费问题，在学生阶段，我们也有可能负责一些调查或者研究项目，如"大学生创新创业训练项目"，这些小型项目也会有科研经费的使用问题。为了保证合理有效地使用科研资源，应当了解有关规定和诚信规范，并将其内化于科研实践过程中。

（1）科研经费的使用

科研经费的使用应遵循相关规定，并特别关注以下方面：首先，要确保政策相符性，即遵循国家财务政策和科技计划经费管理制度，严格执行开支范围和开支标准等规定；其次，应确保目标相关性，即经费使用应紧扣课题任务目标，支出须与课题任务紧密相连，经费的总量、强度及结构需与研究任务的规律和特点相契合；最后，追求经济合理性，科研经费应与同类科研活动支出水平相符，并在充分考虑技术创新风险且不损害课题任务的前提下，努力提升资金的使用效率。

案例

吴某在2011—2014年担任某大学某学院院长。其间，他利用担任科研项目负责人并主管项目经费审批、使用的职务便利，与A公司、B公司签订虚假的文献信息检索合同，将所在单位支付的文献检索费用共计人民币三十八万余元转入上述两家公司后换取现金并据为己有。

法院在审理此案时认为，吴某作为国家工作人员，利用职务上的便利，以骗取的方式非法占有公共财物，数额巨大，其行为构成贪污罪，依法应予惩处。之后，法院判决吴某犯贪污罪，判处有期徒刑三年零六个月，罚金人民币二十万元。责令被告人吴某退赔人民币三十八万一千四百九十九元七角八分，发还某大学。

近年来披露的骗取和滥用科研经费的案例屡见不鲜，还有利用关联公司外协转拨套取科研经费、虚构业务、伪造合同、假冒签字、偷盖公章、公款报销、虚开发票报销等常见行为。案例表明，科研人员违背科研资源使用的相关规定，可能会面临学术和行政处罚，甚至法律制裁。

（2）设备和材料的使用

科研人员若自己暂时缺乏某些设备和材料等条件，需依赖他人或其他机构提供，就必须事先征得所有者的同意。在研究成果发表时，应恰当注明或致谢这些资源的提供者。无论研究计划或项目是否继续获得资助，所使用的设备、材料均须遵循相关规定进行处理。

在使用研究资源时，应坚决避免以下不当行为：首先，不得擅自将任职机构的设备、材料用于外部咨询、研究或其他非学术目的的活动；其次，严禁将使用公共资金购买的设备、材料用于私人研究；最后，特别在生命科学领域，不得私自将设备、材料用于未经批准或被明令禁止的研究。此外，科研人员在实践中还需特别注意，不同国家在这方面的规定可能存在差异，应予以充分了解和遵守。

第四节　数据获取、使用与管理

科研数据是科学实验、检验、统计等所获得的和用于科学研究、技术设计、查证、决策等的数值。科研数据一般来源于现场实地调查、观察、测量、考察、实验、测定、分析、计算、文献及参考资料查阅等。詹姆士·格雷（James Gray）提出科学研究现在已经进入第四范式，即数据密集型范式，主要是指以数据考察为基础，联合理论、实验和模拟一体的数据密集计算的范式。可见，数据贯穿整个科研工作的始终，从立项、实施、成果形成到验证都离不开数据。

一　数据收集与记录

数据收集和保存是科学研究的关键环节，对后续研究具有举足轻重的意义。任何在数据收集和保存过程中的失误或错误，都可能严重损害后续研究工作的真实性，进而带来不可预知的严重后果。近年来，数据收集和保存中的科研不端行为呈现出明显增多的趋势，这些行为既包括故意的违规行为，也包括因对相关规定和诚信规范缺乏了解或忽视而导致的失误。因此，必须高度重视数据收集和保存中的科研诚信问题，加强监管和规范，确保科研数据的真实性和可靠性。在相关科技管理部门、科技资助机构、研究机构和大学的通报中，可以查阅到这方面的案例。

案例

XX省XX市XX人民医院孙某某为通讯作者、王某为并列第一作者，XX大学附属医院辛某为第一作者发表的论文，经查，存在篡改数据、编造研究过程的学术不端行为。

XX人民医院对相关责任人做出了严肃处理。对通讯作者孙某某：取消5年内科研项目、科研奖励、科技成果、科技人才计划等申报资格，取消5年作为提名或推荐人、被提名或推荐人、评审专家等资格，取消已获得的学会、协会等学术工作机构的委员或成员资格，追回作者个人所得的论文科研奖励和荣誉称号，缓晋1年高一级专业技术职务，撤稿，党内警告。

对并列第一作者王某：取消5年内科研项目、科研奖励、科技成果、科技人才计划等申报资格，取消5年作为提名或推荐人、被提名或推荐人、评审专家等资格，取消已获得的学会、协会等学术工作机构的委员或成员资格，缓晋1年高一级专业技术职务，撤稿，行政警告。

上述案例正是数据造假并受到惩处的典型代表。在科研工作中，数据收集和保存不仅过程复杂，往往也是不端行为频发的环节之一。为确保科研数据的真实性和可靠性，数据收集应当受到实时监控，并在必要时接受同行或资助方的审查。此外，科研人员必须深入了解、熟练掌握并严格遵守在数据收集、记录和保存过程中的诚信规范，以确保科研活动的诚信和有效性。

（1）数据收集

首先，科研人员应确保所获取的数据条件真实可靠，而非虚构；应通过实际的科学实验来收集、记录和保存数据，确保这些数据是基于实地调查、观测的真实记录，而非凭空编造。任何未经实验、试验、观察或调查而编造或捏造数据的行为，均构成严重的科研不端。

其次，科研人员应确保实验数据的完整性，包括研究全过程的所有原始数据，不论其是否为阶段性成果或存在失误、误差。完整的数据不仅有助于其他研究者进行重复实验，而且在面临投诉时可作为有力证据，维护科研人员的权益。任何因数据不符合预期或可能影响委托人利益而故意不收集或选择性收集的行为，均视为科研不端。

再次，科研人员应坚守真实性、原始性原则，不得为任何目的或利益对原始数据进行人为加工和篡改。任何对数据进行的人为二次加工、篡改，导致数据失去真实性的行为，均属严重科研不端。对于特殊数据的收集，科研人员应严格遵守相关规定或约定。这些特殊数据包括通过特殊材料获得的数据，图书馆、数据库及档案馆的保密信息，受版权或专利保护的信息以及个人信息等。只有在获得授权许可后，科研人员方可进行此类数据的收集。对于涉及人类声音或图像等数据的收集，亦应事先征得相关当事人的知情同意并确保符合相关法律法规和政策的规定。

最后，科研人员应确保数据收集方法的可靠性，避免片面追求新方法而忽视其适用性；应审慎选择方法，避免仅依赖特定方法或实验条件得出片面结论，以保障数据的有效性。

（2）数据记录

为确保研究过程与实验数据的完整、客观与可溯源，科研人员应实时、准确记录研究进展与所得数据。数据的记录应与研究活动同步进行，避免为追求特定结果而选择性记录或使用数据。

在书面记录时，应选用页码连续、符合长期保存要求的实验记录本，确保实验日期、数据收集顺序及结果清晰无误，不易引发日后疑虑。实验产生的原始数据、图表、照片等应有序粘贴于记录本相应位置，并附以详细标注。更正记录应由原记录者负责，不得掩盖原内容，应注明更正原因并签字。严禁涂改数据或损毁记录本内容，更不得编造、篡改原始数据或将人为处理后的数据作为原始数据保存。

若采用电子记录方式，应确保记录与实验数据关联紧密，且数据及其产生时间等信息未经人为篡改。对于独特或特殊的材料，如细胞系、考古发掘物或合成化学中间产物等，应妥善保存、标记，并在记录本上明确注明存储信息。精确的记录不仅有助于他人重复实验过程或应用于其他情境，促进数据共享，还可作为应对数据伪造指控的有力证据。下面是中国科学院科研道德委员会 2020 年 5 月发布的《关于科研活动原始记录中常见问题或错误的诚信提醒》，可以参考。

关于科研活动原始记录中常见问题或错误的诚信提醒

恪守科研道德是从事科技工作的基本准则，是履行党和人民所赋予的科技创新使命的基本要求。中国科学院科研道德委员会办公室根据日常科研不端行为举报中发现的突出问题，总结当前科研活动中原始记录环节的常见问题或错误，予我院科研机构和科技人员以提醒，倡导在科研实践中的诚实守信行为，努力营造良好的科研生态。

提醒一：研究机构未提供统一编号的原始记录介质。应建立完整的科研活动原始记录的生成和管理制度，建立相应的审核监督机制；应配发统一、连续编号的原始记录介质，并逐一收回，确保原始记录的完整性。

提醒二：未按相关要求和规范进行全要素记录。包括但不限于以下要素，均应详细记录：实验日期时间及相关环境、物料或样品及其来源、仪器设备详细信息、实验方法、操作步骤、实验过程、观察到的现象、测定的数据等，确保有足够的要素记录追溯和重现实验过程。

提醒三：将人为处理后的记录作为原始记录保存。原始记录应为实验产生的第一手资料，而非人为计算和处理的数据，确保原始记录忠实反映科学实验的即时状态。

提醒四：以实验完成后补记的方式生成"原始"记录。应在数据产生的第一时间进行记录，确保原始记录不因记录延迟而导致丢失细节、形成误差。

提醒五：人为取舍实验数据生成"原始"记录。应对实验产生的所有数据进行记录。通过完整记录科学实验的成功与失败、正常与异常，确保原始记录反映科学实验的探索过程。

提醒六：随意更正原始记录。更正原始记录应提出明晰具体、可接受的理由，且只能由原始记录者更正，更正后标注并签字。文字等更正只能用单线划去，不得遮盖更正内容，确保原始记录不因更正而失去其原始性。

提醒七：使用荧光笔、热敏纸等不易长时间保存的工具和介质进行原始记录。应使用黑色钢笔或签字笔等工具和便于长期保存的介质，确保原始记录的保存期限符合科学研究的需要。

提醒八：未备份重要科研项目产生的原始数据。应实时或定期备份原始数据，遵守数据备份的相关规定，确保重要的科学数据的安全。

提醒九：人事变动时未进行原始记录交接。研究人员调离工作或学生毕业等，应将实验记录资料、归档资料、文献卡片等全部妥善移交，确保原始记录不丢失或不当转移。

提醒十：使用未按规定及时标定的实验设备生成原始记录。应按照相关要求及时核查、标定仪器设备的精度和相关参数，确保生成的数据准确可靠。

二　数据的使用

（1）数据的使用

数据的使用存在许多需要注意的问题，如数据的获取涉及优先权、专利权和贡献，由此引发的问题主要包括数据何时可以被使用，哪些人有权使用数据，数据可以被用于哪些方面，等等。这里将主要讨论数据应当如何被使用的问题。

案例

A 医师曾在享有世界领先水平的软骨结合组织研究室从事研究工作，该研究室专注于研发对疾病或损伤关节进行基因治疗的先进技术。在 A 医师准备回国之际，尽管根据协议，诊所允许他带走部分组织标本和幻灯片，但他却私自将涵盖90 项研究项目的珍贵数据、合成基因信息等复制至个人硬盘，这一行为并未获得许可。

在回国前夕，A 医师在实验室拍摄照片时被诊所警备员察觉。随后，在机场，A 医师被逮捕。案件指控者指出，A 医师在回国前的两周内，开始定期邮寄行李，显示其有预谋地转移资料。

虽然 A 医师最终未受起诉，但他的行为无疑违反了相关协议，构成了不端行为。诊所软骨结合组织研究室早已制定了严格的实验记录管理和数据归属规定，A 医师擅自获取并占有超出其参与研究范围的数据和资料，这种行径无疑属于科学不端行为。

上述案例凸显了科研人员在职位变动时如何合规使用原任职机构数据的问题。科研人员必须严格遵守机构的相关规定或事先签署的协议，确保数据的合法使用。在数据使用过程中，务必尊重和保护数据获得者及提供者的权益，维护隐私权，并严格保护机密和专有数据。只有深入了解研究数据使用的规范，科研人员才能正确处理数据使用和保护问题，避免违规行为的发生。为了更好地利用数据，科研人员有必要深入了解数据使用的规范要求。

首先，在数据正式发表之前，科研人员通常无须无条件地允许他人共享数据。其他科研人员如需接触和使用未发表的数据，必须事先征得数据所有者的明确同意。此外，初步数据在未经核实和确证之前，科研人员不应抢先发表，除非有确凿证据表明这些数据对公众安全健康构成威胁。一旦数据公开发表，科研人员就应与他人充分共享所有数据和最终研究结果，以便他人能够验证研究。

其次，不同数据所有者拥有不同的使用权限，因此应事先就数据使用事项达成明确协议，并严格履行，以避免后续纠纷或诚信问题。外部人员如需使用这些数据，必须获得所有者的明确同意，并适当标注数据来源。

最后，在使用数据时，科研人员还需注意以下几点：使用数据库或资料库中的数据，特别是特殊数据，应按规定保留书面记录以备核查；涉及个人隐私的数据必须在获得研究参与者的知情同意后，方可用于约定的研究工作，并严格限定使用范围；未经研究参与者同意，不得将数据透露给其他机构或人员；对于具有保密限制的数据，必须获得授权许可后方可接触和使用，并严格遵守相关规定。

2018 年 3 月，国务院办公厅印发了《科学数据管理办法》，明确规定：法人单位应根据需求，对科学数据进行分析挖掘，形成有价值的科学数据产品，开展增值服务。鼓励社会组织和企业开展市场化增值服务。科学数据使用者应遵守知识产权相关规定，在论文发表、专利申请、专著出版等工作中注明所使用和参考引用的科学数据。对于政府决策、公共安全、国防建设、环境保护、防灾减灾、公益性科学研究等需要使用科学数据的，法人单位应当无偿提供；确需收费的，应按照规定程序和非营利原则制定合理的收费标准，向社会公布并接受监督。对于因经营性活动需要使用科学数据的，当事人双方应当签订有偿服务合同，明确双方的权利和义务。

（2）图像处理规范

在处理使用数据时，科研图像是不可或缺的部分，科研图像处理规范是确保科研数据准确性和可信度的关键环节。在保存原始数据时，应确保获取图像的原始数据得到妥善保存，不得对原始数据进行篡改或选择性删除。目前，在图像格式的选择上，推荐保存为 TIFF 位图或 EPS 矢量图，这两种格式能较好地保留图像质量和信息，满足多数期刊的要求。

图像处理需要遵循一系列基本原则。首先是真实性原则。真实性原则主要是指图像处理应以呈现真实数据为目的，避免过度修饰或美化图像。不得对一张图片的局部区域进行增强、模糊、移动、移除等操作，避免使用修补工具（如 Photoshop 中的克隆和修复工具）或任何故意掩盖图像操作的功能。在处理过程中，可对亮度、对比度或色彩平衡进行调整，但须对全图进行，且不能隐藏、消除或歪曲原图的信息。

其次是可溯性原则。该原则要求在图像处理过程中，要详细记录图像处理的过程和参数，以便审稿人或读者能够了解并验证处理结果。提交修改后的最终数据时，作者可能会被要求提交原始的、未经处理的图像。所得数据图像必须是原始记录的完整、真实体现，在特殊情况下作者需要提供原始数据以证明数据真实性。

最后是规范性原则。在投稿前，应仔细阅读目标期刊的图像处理要求，确保图像符合期刊规定。一般应列出所有使用过的图像采集工具和图像处理软件包，并在方法中记录关键的图像收集设置和处理操作。若图像由他人制作，必须在稿件中声明。

具体的图像处理步骤如下。一是调整图像大小与比例：根据期刊或投稿要求，调整图像的大小和比例。常见的科研论文组图包括全版图、半版图和2/3版图，应根据需要选择合适的大小。二是优化色彩与对比度：适当调整图像的色彩和对比度，以突出重要信息并提升视觉效果，但应避免过度调整，以免失真。三是添加标注与说明：在图像中添加必要的标注和说明，如箭头、文字框等，以解释图像中的关键信息。标注应简洁明了，避免冗余。四是去除不必要的背景：通过裁剪或遮罩等方式去除图像中的无关背景，使主要信息更加突出。

总之，科研图像处理规范是科研数据准确性和可信度的重要保障。科研人员应严格遵循相关规范，确保图像处理的真实性和科学性。

三　数据保存与共享

（1）数据保存

第一，科研人员应以严谨的态度妥善保存数据，确保数据免受意外损害、损失或失窃，保障其安全性。对于以计算机文件形式记录的数据，应及时进行备份，并将备份数据存放在安全地点，与原始数据分开保存。同时，应定期对所保存的数据进行再次备份，以确保数据的完整性和可靠性。

第二，原始数据的保存应由产生这些数据的研究机构和科研人员共同参与，避免数据仅由个人或一方独自保管，以预防因保存不当而导致无法挽回的损失以及私自篡改和擅自使用数据等不端行为的发生。

第三，对于涉及保密的数据，科研人员需特别谨慎对待。应使用特别手段对这些数据进行特殊存储，防止泄露，并严格遵守相关规定。涉及个人隐私的数据，必须在事先获得书面同意的前提下进行保存，并应采取匿名化处理。若无法对数据进行匿名化处理，则必须将个人信息与实验数据分离保存，确保隐私安全。

第四，在进行数据保存时，应预先协议相关事项。一般而言，实验数据应为所有参与者共享，但对于涉及专利、国家安全、核心技术以及人类受试者等不能公开或共享的数据和信息，应事先达成数据保存的相关协议，并严格遵守相关规定，以避免潜在的利益纠纷。在保存期限内，数据应根据相关规定和协议，在遵循法规要求和伦理规范的前提下，适度开放给感兴趣并有权利使用的人员。

第五，科研人员应严格遵守数据保存的期限规定。不同专业领域对原始数据的保存期限有不同的要求，因此，科研人员应了解并遵守所在领域的相关规定，确保数据的合规保存。原始数据保存应当是严格的和谨慎的，目前许多国家及相关机构对此都有相关内容的规定。

下面是我国《负责任研究行为规范指引（2023）》的有关规定，可以参考。

> **《负责任研究行为规范指引（2023）》有关数据记录和保存的规定**
>
> 9. 及时整理、保存、备份研究数据，采取有效措施防止数据丢失、泄露、损毁或被篡改。
>
> 10. 按照学科领域或所在科研单位规定妥善保存所有实验记录、实验数据（包括未发表数据、阴性数据等）和实验记录本，遵照相关技术规范保存实验样本。论文等研究成果发表后 1 个月内，应将所涉及的实验记录、实验数据等原始资料提交所在科研单位集中归档，或按照科研单位相关管理规定执行。

国外对于数据保存也有很多细致的规定，如德国马普学会规定，作为出版的基础，原始数据必须交给产生这些数据的研究所或研究机构中的可靠的人保管，只要条件允许，保管的期限至少为 10 年。这些数据必须对有权利并感兴趣的人开放。只有当所有重要步骤都能被理解时，学术研究、实验以及数字计算才能被重复或重述。因此，当发表的研究结果受到他人的怀疑时，为了能够查阅资料，全面完整的文字记录和对记录至少为期 10 年的保存便是必要的。

澳大利亚国家健康与医疗理事会（The National Health and Medical Research Council）、澳大利亚大学校长委员会（Australian Vice Chancellors' Committee）发布的《关于科研行为的联合声明和规范》中，对数据保存做出规定：只要有可能，原始数据应由产生这些数据的研究单位或部门来保管。科研人员可以持有数据的副本，供他们自己使用。若数据仅由科研人员个人保管，则当发生数据篡改的投诉时，科研人员或研究所就无法得到应有的保护。打算发表的数据必须是真实有效的。当牵涉到保密条款时，例如，研究所或科研人员的研究课题已和第三方签订了某类合同，则数据的保存要考虑到第三方查阅数据时，不至于违反保密条款。保护知识产权的保密合同必须经过研究所、科研人员和研究资助方的一致同意。若该合同限制了自由出版和讨论，则这些限制条款必须经各方明确同意。科研人员有义务查询保密条约是否适用他的研究项目，研究单位或部门的领导有义务将有关条款的责任告诉科研人员。所有保密合同必须于早期阶段就通知研究所的领导或他指定的代表。研究所制定的程序中，应包括对含有保密信息数据库的建立、所有权、查询手续及使用限制等的规定。从限制访问的数据库中或从某合同中查询数据后，科研人员或研究单位必须留有书面记录，表明原始数据所在的位置，或数据所在的数据库的关键信息。科研人员必须负责保证保密材料的安全，包括在计算机系统中的保密材料的安全。当通过网络访问该计算机时，要特别注意保密数据的安全问题。当有多个科研人员共同工作以及某个科研人员调离时，安全和保密仍应得到保障。

（2）数据共享

科研数据共享指的是科研人员个人以正式或非正式的方式将本人拥有的原始或者预处理数据提供与其他人共享的行为。这包括以数字化形式存储的科研数据，也可以涵盖以非数字化形式存储的数据。科研数据共享的目的是允许任何用户以任何目的免费通过互联网下载、复制、分析及重新处理利用这些科研数据，而不受资金、法律或其他技术壁垒的制约。

研究数据或信息的共享是科学研究的基本要求之一，数据共享可以使更多的人充分地使用已有数据资源，减少数据收集、采集等重复劳动和相应费用，不仅为科研人员提供了再分析的理论支撑，避免了重复劳动，从而加速了科研创新，同时也满足了科研用户对科研数据的需求，为科研数据服务提供了支持动力。研究成果发表后，提倡在不违反保密和知识产权规定的前提下，以适当方式提交或开放共享所涉及的原始数据以及方法、试剂、软件、源代码等材料，提高数据应用价值。

在科研数据管理过程中，数据共享是一个不可或缺的环节，它有助于加强对科研数据的使用，实现科研数据的价值。科研数据共享通常在国家统一规划、政策调控和相应法规的保障下进行，应用现代信息技术整合离散的科研数据资源，构建面向全社会的共享服务体系，实现对科研数据资源的高效利用。这样的体系为科技发展、政府决策、经济增长、社会发展和国家安全提供科研数据保障。

总的来说，科研数据共享是推动科技进步、促进知识创新和提高科研效率的重要手段。通过共享，科研人员可以更加高效地进行科研工作，减少重复劳动，加速科研进程，并推动整个科研社区的发展。

《科学数据管理办法》规定，政府预算资金资助形成的科学数据应当按照开放为常态、不开放为例外的原则，由主管部门组织编制科学数据资源目录，有关目录和数据应及时接入国家数据共享交换平台，面向社会和相关部门开放共享，畅通科学数据军民共享渠道。国家法律法规有特殊规定的除外。法人单位要对科学数据进行分级分类，明确科学数据的密级和保密期限、开放条件、开放对象和审核程序等，按要求公布科学数据开放目录，通过在线下载、离线共享或定制服务等方式向社会开放共享。

◆◆ 延伸阅读文献

[1] 中国科学院.科学与诚信：发人深省的科研不端行为案例 [M].北京：科学出版社，2013.
[2] 科学技术部科研诚信建设办公室.科研诚信建设相关法律法规和文件汇编 [M].北京：高等教育出版社，2017.

◆◆ 思考题

1. 谈一谈你作为攻读硕士学位的研究生可能面对的时间和精力冲突。你将如何应对？

2. 你认为电子记录保存方式是提高了还是降低了我们发现科研不端行为的能力，为什么？

3. 无条理和不完整的记录保存是一种科研不端行为吗？请解释。

4. 你读过的期刊如何规定数据共享问题？如果它们有相关政策的话，这些政策与《科学》（Science）和《自然》（Nature）杂志的政策相比有什么差别？

5. 实验室的小王马上要硕士毕业，但是多次实验都没有得到满意的实验结果，有一天同一实验室的小赵发现小王正在偷偷修改实验数据，让实验数据看起来符合研究假设。请问：如果你是小赵，你应该怎么办？实验室、学校应该怎么办？

6. 小刘已经从100个志愿者身上收集了血液样本，检验它们在两种不同病毒刺激下产生抗体的程度。她把每份志愿者样本的相关临床信息都记录在自己的数据记录本里。她小心地把由贴纸制作的标签贴在试管上，并把这些样本放在5个有20个孔的试管架上，然后放入冰箱。她分析了5个试管架中的3个，并得到了很有意思的结果。她把这些结论一丝不苟地记在实验室数据记录本上，并把抗体的数据与患者的临床数据相互比照。小刘希望你来见证这些数据记录，因为这个结果可能会给重要的诊断测试带来新的发展。你按照要求在她的本子上签字。当她打开冰箱，想把免疫血清重新放回到第四个试管架上的时候，发现了一件令人烦恼的事。第一个和第二个试管架上试管的标签全部脱落了（她后来发现，原来在贴标签的时候，她错用了另一种类型的标签，结果这些标签在−70℃的温度下脱落了）。小刘根据试管的位置，再一次编码。然后，她重复检验了这些样本，并把得出的数据汇总，与最初这些样本的检测值进行比较。令人欣慰的是，比较的结果令人满意。于是她按照原来的编码方式，重新为这些试管贴上标签。之后，她来找你，希望听听你的看法，并且问你她是否应该把这件事情记录在数据记录本里。你会怎么对她说呢？

7. 一个研究实验室已经能够应用新的电泳技术，这项技术在实验室研究人员的手中用得相当纯熟。有一天，设备生产商的地区代表来找实验室的几个工作人员，希望从他们的研究结果中借一些照片提供给这个设备的潜在客户。作为交换，他可以请实验室的所有研究人员到一家非常昂贵的餐厅吃晚餐。这些工作人员同意了，并在几周之后，实验室的工作人员都去吃了晚餐。你作为这个实验室的主任，事后才知道整个事件。从数据所有权和实验室记录保存的角度，谈谈你对这件事的看法。另外，你将会采取什么行动？

8. 一个攻读博士学位的学生在导师的实验室工作并采集数据用于一项以其导师为项目负责人的联邦资助项目。这个学生当然也打算将数据用于自己的论文。后来学生与导师发生了严重的争执并离开了实验室，找了新的导师。原先的导师发现项目中与该学生相关的数据和材料均不见了。学生爽快地承认是她拿走了组织切片、胶体和计算机硬盘，因为这是她的血汗成果。这些数据和资源是该学生的正当所有吗？此情景涉及哪些数据所有权问题？

第四章
科研成果撰写的规范

科研人员经常在实验室会议、研讨会和专业会议上分享早期研究成果，而最终的成果通常以学术论文、著作或专利的形式发表和交流。科研成果的撰写是科学研究活动的重要组成部分。无论采取何种形式，都必须符合发表的基本要求，包括有确凿的证据、客观的分析、合理的推论，避免可能的问题行为。因此，掌握研究成果撰写中的基本规范至关重要。在此基础上，还需要掌握研究成果撰写过程中引用的规范和要求，理解剽窃、伪造、篡改等科研不端行为的含义，结合具体案例了解不端行为的具体表现形式。

第一节　成果形式与规范要求

在现今科学研究中，研究人员有多种方式分享他们的研究成果。科学共同体通过学术交流的形式来沟通研究思想、观点、方法、结论等，例如，在内部实验室组会、小型研讨会或大型专业学术会议上交流。这些交流的内容包括早期探索、研究过程或最终成果，可能以正式发表的学术论文或学术专著形式呈现，或者以预印本 arxiv、bioarxiv 等形式交流。在科技高速发展的今天，专利也已经成为重要的科研和创新的成果，专利撰写成为推动科技创新的关键环节。此外，研究人员还可能与公众和社会交流，通过新闻稿件、公告、报纸或新媒体形式展示他们的成果。科研成果公开形式多样，因此成果撰写的形式也各异。

一　学术论文的撰写规范

学术论文是最常见的科研成果形式，其撰写有一套特殊要求和学术规范，以区别于一般的文稿。国家标准《学术论文编写规则》（GB/T 7713.2—2022）中说明学术论文是某一学术课题在实验性、理论性或观测性上具有新的科学研究成果或创新见解和知识的科学记录；或是某种已知原理应用于实际中取得新进展的科学总结。学术论文应提供新的科技信息，其内容应有所发现、有所发明、有所创造、有所前进，而不是重复、模仿、抄袭前人的工作。

学术论文应该具有创新性，而不是简单地重复他人或自己已经做过的工作。创新性既可以体现为观点、方法等的创新，也可以是提供新的数据、发现新的资料等。如果文章主体摘录自其他论文或著作，自始至终只有引用，没有提出自己对相关问题的见解或看法，如资料性汇编等，不能成为学术论文或著作。如果无批判性地记录他人的观点，如会议纪要，不能成为学术论文或著作；但是综述类论文比较特殊，有些综述具有批判性，并且提出个人的创新见解，而且可能提出重大前沿问题，对推进研究具有重要意义，这一类综述也可能成为学术性文章。如果文章主体只是表达个人对某一问题或事物的意见建议，一般也不能成为学术论文或著作，在期刊栏目分类中可能将其归于诸如"论坛"类，但是其中仍可能有重要的学术价值。

不管是以哪种形式来呈现科研成果，每一种形式都包含一些相对比较固定的组成部分，而每部分的撰写都有基本的规范和要求。无论采用何种形式呈现，都必须遵守科研成果发表的基本规范。科研成果体现了研究性质，需要有确凿的证据、客观的分析以及合理的推论。因此，学术成果具有一套特殊要求和学术规范，不同于一般文稿。特别是现在作为科研成果的重要甚至是主要形式的期刊论文，其撰写的规范和要求，更是需要我们有所了解和掌握。

同时，科研成果的撰写中涉及的科研不端行为或问题行为类型也非常多，如研究成果通常会引用他人已有研究，那么这种引用在什么样的范围内才是合理的呢？如前所述，引用过多，不管是直接引用还是转述，都难以称之为学术论文或者研究著作。学术研究主要体现的是自己的观点或研究方法。研究包含观点、论证、论据、结论和讨论，所以仅表达对某个问题或事物的观点、意见或建议，不能成为学术论文或著作。有时候我们可能会将这些作品与作为学术研究成果的论文或者专著混淆，需要区别对待。

学术研究论文或著作通常包含一些基本组成部分，如题目、摘要、关键词；正文部分会有引言、研究方法陈述、研究结果讨论以及图表呈现、引用部分；此外，还有参考文献、注释以及说明。这些都是学术研究论文或著作的基本组成部分。在学术论文、学位论文、科技报告等的撰写和编排方面，已经出台了一系列的国家标准、行业标准等，可以参考其撰写要求及编排格式，如《科技报告编写规则》《学位论文编写规则》和《学术论文编写规则》。当然，因为科技报告、学术论文和学位论文三者的使用对象、目的不同，所以撰写要求及编排格式也会有所不同，需要注意区分。

二 专利等的撰写规范

发明创造的过程、原理、结构和应用如果要申请专利，需要撰写专利申请书以详细描述。专利的撰写一方面需要语言严密、精练，符合法定要求，以确保专利权的有效性。另一方面，需要足够的技术深度，阐述清楚创造的技术细节，并以清晰、准确、具体的语言表达出来，能够经受专业审查，从而为发明人获取专利权提供有力支持。

发明人正确阐述自己发明的创新点，在能够保护自己的创新成果，防范他人对同类技术的侵权的同时，还为技术的传播和共享创造条件。在这个意义上说，专利及专利申请保护了发明者科技创新的积极性。随着我国知识产权事业蓬勃发展，在专利撰写中也出现了各类非正常申请专利的行为，扰乱了国家专利工作秩序。

专利撰写中可能会有剽窃、篡改、伪造的行为。国家知识产权局发布的《关于规范申请专利行为的办法》列举了9种属于非正常申请专利行为的行为，与诚信紧密相关的行为包括专利申请中存在编造、伪造或变造发明创造内容、实验数据或技术效果，抄袭、简单替换、拼凑现有技术或现有设计等。其中"编造、伪造或变造"主要指编造、伪造不存在的发明创造内容、实验数据、技术效果等行为；或者修改已有技术或设计方案后，夸大其效果，但实际无法实现的行为。这些都是不以真实发明创造活动为基础的行为。

随着人工智能生成内容（artificial intelligence generated content，AIGC）等新技

术的诞生，其也可能被应用于专利撰写中。这时候就需要把握适用程度问题。如果专利申请的发明创造内容系主要利用计算机程序或者其他技术随机生成，即没有科研人员实际参与，仅利用计算机手段随机、无序地形成技术方案或设计方案，就不是真实的创新活动，属于非正常申请专利行为。

为严厉打击非正常申请专利行为，从源头上促进专利质量提升，国家知识产权局采取了一系列措施。2007 年，国家知识产权局制定了《关于规范专利申请行为的若干规定》（国家知识产权局令第 45 号）；2017 年修订了《关于规范专利申请行为的若干规定》，发布了国家知识产权局令第 75 号；2018 年至 2020 年，根据第 75 号局令对非正常申请专利行为进行了排查处置；2021 年，制定并发布《关于规范申请专利行为的办法》，作为对国家知识产权局令第 75 号的补充，进一步规制不以保护创新为目的的各类非正常申请专利行为。

三 科研成果撰写中技术工具的使用规范

新兴技术的快速发展在迅速推动社会发展的同时，也推动科学研究范式和呈现方式的快速变化，包括研究数据的处理、研究成果的形成、作者署名、知识产权归属等方面，引发了许多与科研诚信、科技伦理相关的新问题。

近两年，AI 技术飞速发展，并在各个领域展现出强大的应用能力。其中，人工智能生成内容专注于使用 AI 创作生成符合需求的文字、图像、音频、视频等内容。在学术界，一些研究人员和学生也开始在研究选题、项目申报、研究实施、数据管理等中使用 AIGC。当前 AIGC 带来的科研诚信和科技期刊出版伦理问题体现在以下几个方面：一是引发更为严重的抄袭剽窃、诱发无实质贡献论文、形成虚假研究成果等问题；二是对署名规范提出挑战，引发成果署名与归属的重新界定；三是对引用规范提出挑战，如何声明 ChatGPT 等工具的使用；四是对检测技术提出挑战，如何识别利用 AIGC 工具生成的内容。

面对 AI 辅助写作甚至代替写作的新趋势，国内外相关出版机构对 AIGC 用于学术出版提出了相应的策略。2023 年 1 月，全球最大预印本发布平台 arXiv 官方正式规定，预印本不允许以 ChatGPT 等工具为作者。同月，《科学》（Science）杂志发布政策要求禁止使用任何 AIGC 工具，同年 11 月，杂志则更新了其投稿规则，放宽了对生成式 AI 和大语言模型的使用限制，表示只要在研究方法部分进行合适的披露，在研究中使用这些工具是可以接受的。国际光学工程学会（Society of Photo-Optical Instrumentation Engineers，SPIE）也对生成式 AI 的使用做出了原则性说明，禁止将聊天机器人认定为作者身份，但允许作者在创作中使用此类工具，同时必须在研究方法或致谢部分中披露此情况。

2023 年 9 月，中国科学技术信息研究所牵头爱思唯尔、施普林格·自然、约翰·威利等国际知名出版集团和科研信息分析机构，发布了中英文版的《学术出版中 AIGC 使用边界指南》。同年 12 月，《负责任研究行为规范指引（2023）》发布。2024 年 9 月，《学术出版中 AIGC 使用边界指南 2.0》发布。这些文件就如何依规合理使用 AIGC 给出了指导意见，引导作者、期刊、编辑、审稿人等相关主体围绕 AIGC 在写作、投稿、评审等学术出版链条各环节的使用形成共识。

关于在学术出版中是否需要对 AIGC 使用情况进行充分、正确的披露和声明，《学术出版中 AIGC 使用边界指南 2.0》给出的建议是：应明确使用者、人工智能技术或系统（需注明版本号）、使用的时间和日期、用于生成文本的提示和问题、文本中由 AIGC 编写或共同编写的部分、论文中因使用 AIGC 而产生的想法。此外，《学术出版中 AIGC 使用边界指南 2.0》还就研究开展及学术出版的各个阶段，包括研究开展和论文撰写阶段、投稿阶段、论文发表 / 出版后，如何使用 AIGC 给出了非常详细的框架建议，下面以研究开展和论文撰写阶段的资料收集和统计分析行为框架和实践指导为例。

4.1　研究开展和论文撰写阶段

本部分以指导性建议为主，对研究人员投稿前的研究开展和论文撰写阶段使用 AIGC 提出建议。

4.1.1　资料收集

AIGC 所提供的资料是基于大数据和语言模型生成和抽取的，其准确性和真实性缺乏考量和验证，需要研究人员确认内容的可靠性。

文献调研：可以借助 AIGC 收集关键词或主题相关参考文献，并进行分类和梳理，总结参考文献结论，为研究人员提供参考；帮助研究人员发现新的信息来源，并跟踪研究领域最新进展。需要注意的是，由于 AIGC 提供的参考文献可能是虚构或过时的，使用 AIGC 支持其文献综述的研究人员必须阅读并验证 AIGC 提供的每项建议和参考文献的真实性，并做出人为主导的决策，确定在研究中应包含哪些内容。

概念解答：AIGC 可以回答一些简单的概念问题，为研究人员在构建章节内容时提供帮助。但要注意，AIGC 是基于语料库提供的概念解答，因此对任何 AIGC 的人工监督都是必不可少的步骤。

观点类资料调研：AIGC 可以采集文本中公众或专家对某些主题的观点、情感及情感倾向的相关数据资料。研究人员必须监督和控制 AIGC 提供的观点资料，对 AIGC 提供的资料进行清洗处理，以确保研究人员使用的资料是有效、无偏的，防止传播不正确、有偏见或歧视性的信息。

4.1.2 统计分析

某些情况下，研究人员已经收集了数据，但不确定用何种最佳的统计分析来验证其假设。研究人员可使用 AIGC 来选择最合适的分析方法或进行统计分析，但所用的数据必须是研究人员进行实验并收集的或其他合理方式获得的，并且研究人员需要对 AIGC 所提供的统计分析结果进行验证，确保统计结果的可靠性和有效性。

数据分析和解释：研究人员可以借助 AIGC 解释数据，计算统计学指标，进行一些简单的数据分析和统计结果的描述，但不能取代他们自己对数据的解释。

统计方法的建议和指导：AIGC 可以根据问题和领域知识，为研究人员提供统计分析建议和指导，但只是基于其所学习的语言模型和知识库，可能存在缺失和不准确。因此，研究人员需甄别 AIGC 所提供的统计分析建议的可行性，结合其他可靠统计分析和数据挖掘工具进行判断，或向专业的领域专家寻求指导和帮助，最终判断是否采纳 AIGC 提供的建议。

若作者使用此类工具撰写了稿件的任何部分，必须在方法或致谢部分中公开、透明、详细地进行描述。

第二节 基本格式与规范

学术论文是科学研究的主要成果形式。这里以学术论文的基本框架、结构和内容为例，介绍基本格式、各个部分的基本要求。

一 格式及要求

为了便于信息收集、处理和交流，学术论文应按照一定的规范撰写和编排。国家标准《学术论文编写规则》（GB/T 7713.2—2022）规定了撰写和编排学术论文的基本要求和格式规范，适用于自然科学、工程技术和人文社会科学学术论文。

此外，还有很多标准、规范等提出了对研究成果各个部分的具体要求。2013 年以来，"学术出版规范"系列标准开始组织制定，为构建学术出版标准体系、提高学术出版质量提供了有效手段。2015 年，一批学术出版标准正式发布实施，包括：

- 《学术出版规范　一般要求》（CY/T 118—2015）
- 《学术出版规范　科学技术名词》（CY/T 119—2015）
- 《学术出版规范　图书版式》（CY/T 120—2015）
- 《学术出版规范　注释》（CY/T 121—2015）
- 《学术出版规范　引文》（CY/T 122—2015）
- 《学术出版规范　中文译著》（CY/T 123—2015）
- 《学术出版规范　古籍整理》（CY/T 124—2015）

2017 年，行业标准《中文出版物夹用英文的编辑规范》（CY/T 154—2017）发布实施。2019 年，又一批标准相继发布，包括：

- 《学术出版规范　表格》（CY/T 170—2019）
- 《学术出版规范　插图》（CY/T 171—2019）
- 《学术出版规范　图书出版流程管理》（CY/T 172—2019）
- 《学术出版规范　关键词编写规则》（CY/T 173—2019）
- 《学术出版规范　期刊学术不端行为界定》（CY/T 174—2019）
- 《出版物发行标准体系表》（CY/Z 13—2019）

这些标准的制定发布推动了学术成果撰写、发表格式和体例规范化，语言、文字和符号规范化，技术和计量单位标准化。

二 标题、摘要、关键词等的规范

标题对于一篇文章或著作至关重要，关系到研究成果所涉及的工作是否能吸引眼球或直接表明其意义。标题会给读者第一印象，是重要的信息表达渠道。我们需要考虑如何选取题目以及如何编制题录，以准确反映内容，同时反映研究的深度和范围。研究所要讨论的问题、学科领域，无论是初探还是深挖，都应在标题中体现出来。标题应简短精练，反映主要信息。

标题之下的重要内容是摘要。中文撰写的论文摘要一般包括中文摘要和英文摘要（abstract）两部分。论文摘要应主要包括这样一些内容：研究目的、内容、方法、成果和结论，并着重阐明论文的创新之处。此外，在摘要中不宜出现诸如公式、图、表等内容。中文摘要的字数一般并无定数，由发表机构规定。英文摘要与中文摘要内容应完全一致。

摘要需要让读者大体了解文章的意义、发现、观点以及与前人研究的基本区别。摘要对于文章来说非常重要，是读者在读完标题后决定是否继续阅览全文的决定性因素。作者有责任提供准确、简明、扼要的信息。摘要通常包含如下内容：① 从事这项研究的目的和意义，一般会以一句话的形式加以概括，无论是实践的意义、理论的意义还是学科的意义，都在这一句话中有所体现。② 主要研究工作，即完成了哪些工作，这里需要突出自己工作的创新性。③ 通过完成的这些工作得到了什么样的结论，最后确定这项工作的意义。

摘要中要明确体现论文的基本内容和扩展性内容。摘要实际上是对自己文章的一个小评价，因为它关涉自己工作的重点、重要性和与他人工作的区别。摘要应当准确，避免出现夸大其词或虚构内容。

接下来是关键词。我们在阅读文章时，会有这样的体会：关键词从何而来？一个常见的现象是，一篇文章的关键词只是从题目中摘取的名词。我们可以从检索角度来解析这个想象。如果是这样，那么检索题目就已经足够了，为什么还要检索关键词呢？

关键词一般为3~5个，但需要注意的是，关键词不应与标题直接对应。标题中的一些名词可能非常准确，或者可以从整体上反映工作内容，但并不意味着关键词应与标题中的名词一一对应。关键词主要用于描述研究的主体、标识研究的主要信息，最重要的是弥补标题所不能完全表达的一些重要内容。

因此，在选取关键词时，应当考虑研究主体的重要性，关键词的选取除了反映研究工作，还需考虑检索需求，满足编制索引和文献检索的需求。此外，关键词的选取必须符合规范性要求。每一篇文章的关键词不宜太少，也不宜太多。要表达一个完整的概念，有时可能需要几个关键词，那么就需要将这些关键词统一列出。关键词通常是名词，连词、冠词和介词很少会出现在关键词里，除非是一个完整的语义表达。关键词的具体写法，例如，第一个字母是否需要大写，则只需关注是否为专有名词，或者期刊要求即可；如果不是公认的缩写词，那么关键词中应该尽量避免缩写；要避免使用公式或者公式符号等；应将体现主要的研究方法、重要数据的词汇或研究对象等列入关键词。

三　正文规范

正文是论文或著作的主体。正文一般包括引言（或绪论）、论文主体及结论等部分。一般来说，各学科的研究成果可以根据自己的特点和需要，采用相应的正文结构。

引言（或绪论）应包括选题的背景和意义，国内外相关研究成果与进展述评，本研究所要解决的科学与技术问题、所运用的主要理论和方法、基本思路和论文结构等。引言应成独立部分，用足够的文字叙述；应实事求是，不夸大自身工作，充分尊重和肯定前人工作。

正文的核心部分就是论文主体，占据论文的主要篇幅。一篇论文的主要工作，是将学习、研究、实验、调查等过程中获取的材料、数据、资料等，经过整理、分析、研究，最后呈现出来，并提出观点或者论点。这同时也是一个论证的过程。论文主体部分的撰写方式或者说主要包含哪几个部分，这主要由不同学科、不同专业、不同选题决定，并没有统一的要求。但是，从诚信的角度而言，客观、真实、准确、完整并且合乎逻辑、推理清晰、层次分明，同时语言表述简练、清晰，是基本的要求。

结论是对整个论文主要成果的总结，不是正文中各章小结的简单重复，应准确、完整、明确、精练。应明确指出本研究的创新点，对论文的学术价值和应用价值等加以预测和评价，说明本项研究的局限性或研究中尚难解决的问题，并提出今后进一步在本研究方向进行研究工作的设想或建议。结论部分应严格区分本人研究成果与他人科研成果的界限。

正文的体量通常比较大，反映了研究工作的创造性成果或新的研究结果。正文应当内容充实、论据充分、论证合理，在行文上应做到层次分明、脉络清晰。正文除了反映主要研究工作外，还包含一些其他内容，如引言、研究综述等。引言

（绪论、问题的提出），是正文的第一部分，主要是说明研究背景，提出要研究的问题，并且论证研究的必要性和意义。文献综述，结合所要研究的问题，对相关的理论和实证研究进行文献回顾。文献综述是科研失信案件中问题较多的区域。文献综述应如何撰写、引用文献应如何使用、应如何避免问题行为等方面有很多需要关注的内容。

（1）综述

"综述"，既有"综"又有"述"。所以撰写文献综述部分就不能仅仅是"综"，也不能仅仅是"述"，它是"综"与"述"的一个结合体。那么"综"与"述"应怎么理解呢？首先，从字面上意义上看，"综"是对已有文献的一个综合、归纳、整理，但是文献综述不仅于此，还要在文献整理的基础上对已有的研究进行一个评述，即评价已有的研究做了什么样的工作。主要从哪些角度进行评价呢？可以从贡献是什么，可能还存在哪些不足，我们可以做什么，或者某些观点暗含的意味等角度切入。这是我们需要写的文献综述的内容。"综"与"述"都是必需的，如果只有"综"没有"述"，自己的工作就难以站立在前人研究的基础上；如果只有"述"没有"综"，则可能基础不够，所以"综"与"述"两者的含义都需要有所体现。

因此，综述体现了这样一些特点：① 综合性。包括对纵向的时间脉络上研究发展的把握以及横向的中外对比、交叉领域之间的对比，或者相关问题的对比等，这些都是综合性的体现。② 评述性。作者在已有文献整理归纳的基础上，发表自己的观点，对这些文献进行分类、整理和陈述。③ 先进性。体现作者的研究是在截至当下的最新研究的基础上做的，需要把最新的一些科学信息、研究动态传递给读者。

怎么样写好综述？需要检索和阅读大量的文献，适度引用学科领域或者相关研究的代表性文献、经典性文献、最新文献，再进行归纳和综合。所谓适度引用，是指不宜全部使用直接引用的方式，而是尽可能地用自己的语言表述出自己的理解和观点。

一般来说，最好是在自己理解的基础上，用自己的话来表述别人的内容而不是全部直接引用原文。但是，如果自己表述不好或不够精确，或者引用别人的原话更合适，那么可以直接引用原文内容，但仍然需要注意两点：第一，直接引用的内容不宜过多；第二，不宜将直接引用的内容在全篇中一一堆砌，因为这样往往难以体现自己的理解。在综述中可以使用原文内容，但要注意引用的量和整体的呈现。所谓综述主要是概括、转述、评论别人的研究工作，需要用自己的语言，把别人的大部头的文献压缩成一句话、两句话或一个小段进行陈述。在这种转述过程中，作者使用自己的文字表达体现了自己的理解。当然，无论是转述、概括还是直接引用，都应该标识文献的来源。此外，还有可能存在一种情况，即认为文献综述不是论文的核心部分，只是对已有工作的总结，不会有什么创新之处，所以可以"照搬""借鉴""参考"别人所写的文献综述。这种观点是不对的。文献综述呈现的是作者对已有研究的理解以及自己的工作与他人的工作之间的承继关系。从这个角度来讲，文献综述虽不同于一般的研究工作，但是也应该是自己的表述，一方面，要确保能够准确地反映文献作者的工作和观点，另一方面，要清晰地表述自己对此文献的意见和态度。

案例

  在优秀学位论文评选中，一篇论文引起了评阅专家们的注意。大家发现，在这篇论文中，虽然实验与结果分析、讨论、结论等都是作者自己完成的，而且很有新意，但是论文的第一部分文献综述大量引用另一位已毕业研究生的文献综述，其引用量已超过50%。虽然作者把所引用的文献列到了文后的参考文献中，但是经过比对后发现，在文中的各个引用处并没有全部标注出处，特别是一些经过了"同义词替换"改写的引用内容，几乎都没有标注出处来源。

  学位论文的研究、分析都是作者自己完成的，并且这些内容没有什么问题。但是，后来发现第一部分的综述大量引用别人的观点，并且引用量巨大。你认为，这样的论文可以被评为优秀论文吗？如果在答辩的时候，这篇论文的问题就被发现了，还可以通过答辩吗？这个案例中的这种情况其实并不少见。有一种综述，可以称之为"综述的综述"，即引用了一部分甚至是一小部分的原始文献，但综述的主体是来自别人的综述。这种做法并不少见，但无论是从综述的本意还是诚信的角度来说，都是不可取的。

  一些人可能认为，在科学研究和成果撰写中，最重要的是做实验、进行数据分析、推导研究结论等，然后把自己的研究过程和结果写成论文，其他的都不是核心关键，如前人研究的综述以及对研究方法的描述，等等，这一部分有很大的相似性或者重叠性，能写出什么不同或者特色出来吗？于是，可能就会出现照搬别人的许多文字表达方式的情况。但是，这种方式或理念正确吗？已经发生了不少这方面的案例，显示这种想法是存在问题的。在撰写综述时，更应该去寻找原始文献，从而了解别人的工作，然后通过细致的阅读理解将其撰写成文献综述。当然，要想迅速地了解一个领域，阅读一篇优秀的综述文章是非常好的方式。但是这不意味着自己写文献综述时可以照搬别人的文献综述。

在引用他人的研究工作时，应充分尊重原作者，进行合理的标注，同时，在表达过程中要体现自己的理解和概括能力以及评价能力。综述确实不容易写，尽管我们在开启研究之路时，常常是从写综述入手的，这是快速而又全面地了解某一个领域的一种较好的手段，但是要写好一篇综述，则需要对这个领域的学术脉络和发展趋势有深刻的理解和前瞻性的把握。

另外，在转述他人的研究内容时，需要特别注意准确性问题。转述或者概括一定要体现作者对原文的准确理解。如果将别人的意见进行错误阐释，甚至为了自己的论证而歪曲别人的意思，就有可能构成篡改，这是一类严重的科研失信行为。美国科研诚信办公室对如何避免剽窃、自我剽窃和其他有问题的写作行为，给出了几个具有参考意义的指导原则。

避免剽窃、自我剽窃和其他有问题的写作行为：遵循道德标准的写作指南

文献综述部分的撰写，概括和转述是主要写作方式。与之相关的几个指导原则如下。

① 进行概括时，需要以自己的语言将大量的原始文献压缩成一个短小的段落甚至一句话。而好的转述工作通常形成的是篇幅近似但语汇和句式结构都已发生改变的内容。

② 无论是转述还是概括，都必须标示出信息的来源。

③ 由于对剽窃与转述的区分有时并不明显，因此在撰写文献综述时，保守型的转述策略是一个较好的选择，也即务必以自己的语言和句式来重新表达其他作者的观点。

④ 为了进行恰当的转述，作者务必对被引文献中的理念和术语形成充分的理解。

⑤ 作者对于读者和被引用者负有伦理责任，其应该尊重别人的看法，标注引用来源，在需要时以自己的语言进行转述。

⑥ 当不能确定相关概念或事实是不是共有知识时，应该提供引文。

（2）过程描述和结果讨论

综述之后，就要进入"正题"了，包括对研究过程的描述和对研究结果的讨论。对研究过程的叙述应详尽，包括实验或观测方法、仪器设备、材料原料等的叙述，必须符合完整性、准确性、可靠性的要求，以使其他科研人员能够理解并可以按作者提供的信息重复所述实验及其结果。作者还应明确说明所采用的研究方法或设计的不足对于所发现的结果存在或潜在的影响。

研究结果是论文中的关键部分。作者基于实验、观察，经过理论分析、逻辑推演、事实论证等，提出学术见解。结论应当准确、完整、明确、严谨，不能夸大其词。此外，很多论文或者研究成果中还会在最后给出有关论文撰写的进一步讨论，作者会指出该项研究结果与他人研究成果相一致或不一致的地方，包括对已有相关研究的修正、补充、发展、证实或否定；该项研究工作的理论意义以及实际应用的各种可能性；自己研究的不足之处和所有可能的例外情况；尚未解决的问题以及解决这些问题的可能方向。对以上这些情况的说明，应当实事求是，避免个人偏见，否则有可能误导读者。

在正文的撰写过程中，有一个很重要的方面，也是科研不端行为的高发区，即图像的收集、处理和呈现。诸如伪造、篡改或重复发表等类型的科研不端行为，其中很多都是与图像和数据处理有关的。作者拟发表的论文或著作中含有数据与图像资料的，应当预先了解相关期刊或者出版社的数据图像处理指南。作者应当清楚地了解，何种程度的数据与图像处理是可以被接受的以及可被接受处理和不被接受处理的边界。

对数据和图像处理是否可以进行一些小的调整呢？这是可以的。但是如果这个调整会影响对这个数据或者图像的解读，就可能出现问题。在论文或著作中处理图像与数据时，应当注意遵守以下诚信要求：作者应当对自己论文或论著中的数据、图像进行认真审核，确保数据、图像的处理和呈现能够清晰、完整、准确地反映实物资源和实际研究的真实属性，符合描述规范，使审稿人或者读者能够检验其真实性。作者在图像处理中应当谨慎对待亮度、对比度或色彩平衡的调整，如果调整是被应用到整个图像中且不会模糊、消除或者误传原始图像所呈现的所有信息，那么这种调整处理是可以被接受的。鉴于图像制作的复杂性，作者可以请他人来帮助完成原始数据的图像制作，但是在投稿中应当予以说明。

的确，现在很多科研不端行为都与数据和图像处理有关。作者在论文或著作中处理图像与数据时应当避免以下有失诚信的做法：因实验或者查询所获得的原始数据与自己设想的结果不符，就故意将其省略或者篡改；为了特别强调，或使人不注意自己论文或著作中图像的某些部分，而对其进行增强、模糊、移动、移除或添加；对图像数据进行调整，包括完全去除背景、模糊背景污点或者弱化背景边界的亮度/对比度（这种处理虽然不会影响数据解释从而导致最终研究结论的改变，但是却模糊了原始数据）；对图像做影响数据解释的处理，包括将不同来源的图像进行拼接，或者从数据整体中去除一部分或添加实际不存在的部分。

这些问题在本书前面有关图像和数据处理的章节中已有更加详细的说明。一些出版机构和国际出版组织，采取新技术来应对图片和数据的可能的造假问题。据《自然》（*Nature*）2021 年 12 月报道，美国癌症研究协会（American Association for Cancer Research，AACR）出版的 10 种期刊自 2021 年 1 月起，对所有经同行评审得到正向意见的投稿，在正式出版之前都要做一次人工智能软件的额外检查，检测可能重复发表的图片，包括特定部分被特别处理过的图片。除了 AACR，其他一些学术团体如美国临床研究协会，一些出版社如伦敦 SAGE 出版公司、瑞士出版集团 Frontiers、美国出版公司 Wiley 等也开始使用软件来进行检测。

第三节　引文规范和要求

在撰写研究成果时引用他人的研究成果是一种必要的学术行为。通过引用可以展示作者自己研究的来源，增强论文的可信度，同时还可以显示自己的工作和他人已有工作的关系。对已有研究的继承和吸收，必须在科研人员的研究工作中体现出来，否则很有可能被认为是不诚实的。科研人员的研究工作通常以论文、著作、研究报告等形式呈现，对于那些为自己的研究工作提供了支持和启发的已有研究及成果，应当以引注的方式予以说明。如果某研究成果引用了他人的研究却不"言明"，让读者误认为是作者自己的研究，则有可能被认定为"剽窃"，这是一种严重的科研失信行为。如何在论文、著作等撰写中使用引文，这就需要了解相应的规范要求。

一 引注的形式

从科研角度来看，避免剽窃或抄袭的核心是什么？这就是要进行正确的引用。在研究成果撰写中引用别人的工作，这是无可避免的。那么我们可能会引用些什么呢？可能是一些数据，可能是一些文字的表述，也可能是观点，等等，对于这些内容我们都要对其出处予以标注。

标注可以采用的形式有：文中注解、文后的参考文献以及致谢、说明等，其中文中注释又可分为脚注（位于每页页脚）、尾注（位于文章结尾处）、夹注（在正文的引文处标注作者和年份）等形式。它们为重要的事实陈述或假说提供支持，为论文中使用他人的工作提供文字证明，提供补充阅读材料和资源，或者用以感谢资助机构的支持，或是感谢为论文做了支持性贡献但是不具备作者资格的其他同事和员工。

美国科研诚信办公室对注释、参考书目和致谢的界定

注释、参考书目和致谢部分通常用于指出论文的语境（context），并因他人的思想、支持和工作而赋予其荣誉。参考书目和致谢部分应满足下列要求。

① 为重要的事实陈述或假设提供支持。

② 为论文中使用的他们的工作提供文字证明。

③ 提供补充阅读材料和资源。

④ 感谢资助机构的支持，或是不具备作者资格的其他同事和员工所做的工作。

这里需要注意的是，参考文献和注释是不同的。通常参考文献和注释应该严格区分开来，但现在的论著中两者却经常被混用。参考文献通常是我们在阅读这些文献时给我们以启迪，提供了思想的火花，但是在研究或者撰写中并没有直接参考或者引用文献中的相关内容，因此一般将其列在文后作为参考文献，载明文献的标题、作者、出版信息，但是不标注具体页码。

注释用于表示在自己的文章中直接使用了别人的观点、数据、文字表述、方法等，通过引用他人观点、资料、数据、方法等，来佐证、强化自己的论证，或者提供补充说明。在使用形式上，不管是直接引用原文还是转述，注释都需要列出所引用文献的标题、作者以及出处、页码等，一般排印在当页的底脚或者集中列于文末。注释被称为引书引得、文献注释、文献引文注释、文献引证注释等，是严格意义上的引文标注。

致谢则是对那些对著作或论文做出了某些贡献，但不符合署名标准的人或机构的承认（如提供研究资助，提供实验设备、材料，等等）。如果研究得到资助，应对资助机构或个人给予承认。如果使用了他人或机构的设备和材料，应对提供了设备和材料的机构或个人给予承认。如果在研究或实验过程中得到指导或建议或者其他帮助，应对提供者给予承认。致谢一般也放在文后，以恰当的方式对他人的贡献予以说明。

在学术研究成果中，引文或引注为什么如此重要？

第一，表明作者自己的研究与前人研究之间的承继关系。任何学术研究都应该是建立在前人、他人工作的基础上的。学者间相互引用研究成果，学术研究及成果得以传播、传承。学术研究就是在一代又一代人的努力下，不断往前发展。通过引文，可以清晰地呈现前人、他人进行过什么样的研究，取得什么样的成果，从而呈现出学术发展的脉络。

第二，帮助读者按图索骥找寻原始出处。读者在阅读过程中，可能会受到启发或产生疑惑，想要进一步探寻。这个时候，如果作者提供了引用出处，那么读者就可以查找原文来印证，作者也可以由此呈现自己研究的基础和可靠性。如果引文或者引注不准确或者存在错误，就有可能使读者无法进一步探究，甚至误导读者。此外，读者也可以根据引文和引注，进一步查阅与研究主题的相关资料。

第三，有助于评价一个研究工作在领域中的贡献或地位。作者通过引文，可以清晰地呈现自己的研究工作以及自己工作与他人工作的关系，这就像把某一个问题的研究、领域方向的研究打造成一张关系网，读者通过阅读引文，可以洞悉一个研究领域或者研究方向的现状或者发展脉络，也可由此衡量这个研究工作的广度和深度。统计和分析引文还有一个重要作用，那就是从一个重要侧面体现出被引用文献的影响力。读者在阅读这样一篇文章的时候，就可以很清晰地判断出作者的创新以及与前人研究的关系，从而就能够判断出作者工作的学术贡献。

因此，文献的被引情况也常常被用来表征作者学术水平或学术影响力。一般说来，如果引文是按照引文规范引用的话，那么论著被引次数和被引率越高，其学术影响力就越大。但是需要注意的是，引文数据是帮助而不是代替专家进行评价。引文数据有助于文献计量学的研究。文献计量学是用数理统计的方法对文献进行研究的一门学科。引文分析法是其重要的组成部分，如今已发展成为一门新兴的学问。通过对引文进行统计和分析，可以揭示文献之间的联系，从而促进文献计量学的发展。进行文献计量学研究的一个有力工具是引文索引。但是，数据只是客观事物的反映，并不能说明一切，更加不能直接用于证明一个研究的学术水平和学术贡献。学术评价不应只看数据，还应与专家评价互补。因此，对引文索引的评价作用一定要有恰如其分的认识，不应有偏颇。

二　引文的规范

引文根据其引用的对象不同，可以区分为他引和自引。他引包括直接引用、间接引用、转引。直接引用也叫直引或者明引，是指直接引用原文。直接引用的表现形式是直接引用别人文献中的某些字段，可以用双引号、其他字体、另起一段等方式呈现。间接引用也叫暗引，是指借鉴了别人的思想、观点、方法、资料等，但不是直接使用别人的语句，而是用自己的语句表述出来。在实际写作中，如何区分直接引用和间接引用的使用呢？一般来说，正文中不会使用很多原文引用，而是尽可能地以自己的理解来表述别人的工作，但是如果用自己的话难以准确地表达所引用文献的原意，那么还是尽量引用原文。不管是直接引用还是间接引用，都需要标注出处来源。转引是指作者未阅读原始文献，只根据二手资料、译文或他人引用的资料加以引用。自我引用简称自引（self-citation），是指作者（包括个人作者、合作作者等）引用自己已发表的著作或与他人合著的著作。

学术引文规范是关于文献引用内容、引文标注及著录的规则及要求。为避免在论著撰写中发生不必要的失误，还需要了解基本的引注或著录规则。国家标准《信息与文献　参考文献著录规则》（GB/T 7714—2015）（该标准替代了之前的《文后参考文献著录规则》（GB/T 7714—2005））规定了各个学科、各种类型信息资源的参考文献的著录项目、著录顺序、著录用符号、著录用文字、各个著录项目的著录方法以及参考文献在正文中的标注方法。作者在撰写论著和投稿时需要注意，有的出版社和期刊还会在国家标准基础上制定自己的著录规则。

此外，随着国际学术交流的日益频繁，我国科研人员向国外学术期刊投稿也越来越多，这就有必要了解国际上相关的著录规则。另外需要注意的是，使用哪一种著录规则常常取决于自己的论文属于哪个专业领域。目前国际上的通例是，如果论文属于人文科学类，就可以使用芝加哥或现代语言学会的引注规则，具体格式示例：Lipson，Charles．"Why Are Some International Agreements Informal？"International Organization 45（Autumn 1991）：495-538．；如果是社会科学、工程学、教育学、商学等，可以运用芝加哥或美国心理学会的引注规则，具体格式示例：Lipson，C．（1991）.Why Are Some International Agreements Informal？International Organization 45，495-538．；生物科学、化学、物理学、数学和计算机科学一般都有自己特别的格式或规则，如美国化学协会（ACS）建议格式示例：Lipson，C.Int．Org.1991，45，495.。这需要作者事先对这些规则有一定的了解，以免在学科惯例下发生引注不符合惯例或者不诚实的误会。

引用中可能还经常会碰到这样一些问题。

① 论文的文中引注什么时候应该标注页码？这需要区分具体情况：如果是在论文中概括性地提到某一文献，可以不必加上页码；如果想说明引用文献中某一部分的某个具体观点，可以加上该章节的页码；如果直接引用了文献中的某一句话，必须加上页码。

② 一位作者写了很多论文，但是表达了同样的观点，应该如何引注？这时作者应当把自己掌握的这些文献都标注出来。当然具体的标注方式可能不同，如可以在正文中在括号中按照时间顺序排列，然后在参考文献目录中给出文献的完整信息；或者在正文中标注文献序号，然后把文献全部整理在参考文献目录中。

③ 文献没有日期、作者信息，如何引注？一些旧资料或光盘可能没有出版日期，可以在参考文献条目中标明"无日期"（no date 或 n.d.），在参考文献目录中给出文献的完整信息。一些网络资料可能没有日期，那么就用自己具体查阅引用的日期，如［2018-10-09］。如果没有作者信息，可以写出书名或者发布机构，在参考文献目录中以书名或者机构首字母进行排序；如果发表物封面署以 Anonymous 或 Anon.（佚名），那么也可以用此方式来做引注。

④ 自己引用文献的作者提到了另外一个作者，如何引用这另外一个作者的观点？这就是所谓的第二手文献。推荐做法是自己查找并阅读第二手文献中提到的第一手文献并核实其概括是否准确，可以在查阅后直接引用第一手文献。但是，在某些情况下，引用第二手文献也是可以的，如寻找第一手文献非常困难，或是认为第二手文献的作者对第一手文献的概括足够准确可信，或是不需要深入分析第一手文

献的观点内容等。

⑤ 写论文时，有时想要评论一个以前读到过的某个作者的观点，但想不起来是在哪里读到的，怎么办？怎样在论文中区分自己的观点和来自其他文献的意见？这就要养成随时记录的好习惯，把研究过程中阅读过的所有文献来源都随时记录下来。但是如果实在无法查找到出处，还可以考虑如下的做法，如给出自己的个人解读的同时使用表达别人观点时的常用话语，或者使用这样一些表述：某人提出，某人认为，根据某人的研究，已有研究提出，等等。还可以尝试一些查找他人文章中的名词或者观点的网站，例如，AI 工具 perplexity，scinecedirect 的 topics 板块，等等。

使用参考文献与注释，表明作者基于严谨的科研态度和对前人研究成果的尊重，反映真实的研究基础，明确区分自己的研究与他人的研究。引注应当遵循公开和诚实的原则，参考文献的选择有必要性、重要性和时效性，不引用与本人论著无关的文献，不隐匿重要的参考文献，不因作者或编辑部原因而故意引用本人或某个刊物的文献，格式按相应的要求。具体来说，应当遵守以下诚信要求。

① 应以引注的方式清楚地注明自己所引用的他人的观点、数据等。如果是直接引用他人的观点、论据、成果等，必须注明出处、页码，并且以清晰的形式标注出所引用的内容，比如，用引号或者其他字体等形式进行标识。仅仅在文中写明被引用文献的标题或者作者名字，是不够规范、不够严谨的。

② 引文应是作者阅读过且对自己研究的观点、论证、分析等有启发和帮助的文献，不能引但却实际不用，也就是作者并未真正借鉴、参考、引用别人的成果，但却将该成果列在参考文献中。有些作者这样做的目的，常常是增加引文数量而让自己的研究看起来"基础扎实"，或是应付各类查重。有些作者甚至直接照抄现成的书目或索引条目。这些做法可以称为伪引或者伪注。

③ 引文还应当注意版本。很多论著有多个版本，对于这类文献，作者应当注意引用恰当的版本文献，必要时应引用修订版本、最新版本，但有时则要引用最初版本，这需要根据研究情况而定。

④ 引文应忠实于原著，不能歪曲原意、断章取义。作者在引用时，可能会出于更好地佐证自己研究工作的目的，不按原意地陈述所引用文献的意思。这样做一方面会损害自己工作的基础，另一方面也会误导读者，当然，这也是对所引用文献作者不尊重的行为。

⑤ 尊重原创，明确区分直接引用和间接引用。引文应尽可能地引用原始文献和第一手资料，应尽量避免转引文献。如果无法接触到原始文献而确实需要转引二手资料，那么必须注明是转引以及出处，并尽可能地在文中说明原始文献，或者在参考文献中注明原始文献和转引文献，不能实际使用二手文献但却标注一手文献，从而给读者留下引用了第一手资料的虚假印象。

⑥ 引注条目应当完整地提供关于某一著作、论文或其他形式参考文献的信息。所引用的各类文献载体，包括著作、论文、档案、照片、电子出版物、数据库、尚未发表的研究成果等，都应列入引文目录，并以适当方式予以标注。引用非正式交流中获得的信息或未出版的数据，应得到相关人员的同意，并加以注明。

引文和注释应当避免以下有失诚信的做法。

① 不标注出处：直接引用他人研究，或者将他人研究改头换面用自己的语言转述，而不注明出处。

② 以改写内容构成主体：改写或转述他人的研究及文献内容，构成自己著作或论文的主要部分或核心内容。

③ 虚假引用：为了使自己的工作看起来参考了大量文献资料、研究基础扎实，故意在论文或著作中加入大量实际上没有参考过的、没有引用过的或与本文没有关系的文献，做无效的、不相关的引用。

④ 不当自引：为了提高自己论文或著作的引用率，或扩大自己论文或著作的影响，进行不必要的自我引用。

⑤ 不当互引：在一个特定的小团体内，彼此互相引用，提高自己文献的引用率。

⑥ 以参考文献代替注释：在自己的论文或著作中引用了他人的相关研究文献后，只将其笼统地在文后列为参考文献而不标明具体出处，以减少被指责为剽窃的可能。

总的来说，引用应当适当。学术成果的适当引用有这样一些条件：引用的目的仅限于说明某个问题；不能以引用部分来构成自己作品的主要部分或者实质部分；不能损害被引用作品著作权人的利益；应当指明被引用作品的作者姓名、作品名称和出版单位。随着 AI 工具在成果撰写中的应用，还需要特别注意，在应用 AI 工具辅助撰写时，一些 AI 工具如 ChatGPT 所生成的答案中的观点未必可信，给出的参考文献也经常有"驴唇不对马嘴"的情况，需要仔细辨别，不可一味信任或不加辨析地直接使用。

第四节 成果撰写中的问题行为

一 剽窃行为

剽窃是研究成果撰写中最为常见的科研不端行为之一。《学术出版规范 期刊学术不端行为界定》（CY/T 174—2019）中对剽窃的界定是指采用不当手段，窃取他人的观点、数据、图像、研究方法、文字表述等并以自己名义发表的行为。

在实际应用中，我们经常会遇到"抄袭"与"剽窃"混用的情景。两者有何区别？一些人认为"抄袭"与"剽窃"是不同的，"抄袭"指的是简单的原文照搬，而"剽窃"则可能是改头换面地使用他人的观点、思想、数据等而不标注出处。两者从行为性质来说，可以认为没有本质区别。2020 年第三次修正的《中华人民共和国著作权法》中使用了"剽窃"而没有使用"抄袭"。这里也援引《著作权法》中的用法，使用"剽窃"。剽窃是一种严重的科研不端行为。几乎所有的科研不端行为调查和处理的政策文件中都包括了剽窃这一类严重的科研不端行为。如何在论文、著作等撰写中避免剽窃行为的发生，这就需要了解相应的规范要求。

在不同的学习、工作阶段，或是不同的学科领域中，剽窃有不同的表现形式。在学校学习期间，剽窃行为从对象和形式来说，虽然多数与研究人员在科研中的问题行为相似，但也有一些属于学生学习阶段特有的。为此，一些学校专门发布指南，如英国爱丁堡大学学生会网站的"剽窃和学术不端行为"一页上，发布了有关剽窃的文件（包括《避免学生剽窃指导手册》《学术不端行为处罚程序》《哈佛引注范例》等）、正确引用方法、咨询服务机构（如学术发展服务机构等）的网页链接和具体咨询方式。爱丁堡大学还出台了一系列相关文件，如《如何引用资料》，在说明资料引用的正确做法之外，还列出了常见的剽窃行为的例子：① 在自己的作品中摘录了其他人的工作，但没有使用引用标识符，没有注明内容来源（可能来自图书、论文、网络、其他学生的作业、教师的评论或注释、数据、实验成果或图片等）；② 概括了其他人的工作内容，但没有予以承认；③ 利用了其他人的想法或帮助，但没有对来源予以承认（帮助可以包括提供数据、协助分析数据以及与外部的合作）；④ 抄袭其他学生的工作，不论被抄袭者是否知情或同意；⑤ 在应该由自己独立完成的评估性工作中与他人合作；⑥ 从电子文献资源中直接复制有关内容，但没有标示出源链接或作者，没有标示出复制得来的文字、图表或解释，这类行为往往还伴随着过量引用的问题。

但实际上界定"剽窃"行为是不容易的。是不是只有引用别人的重要观点、数据又不标注，才算剽窃？如果答案为否的话，那么对于一般的文字陈述，是不是就可以原文照抄了？如果原文照抄不行的话，那么用自己的话转述，是不是就可以不引注了？如果这样也不行，那是不是只要"引注"了，就"安全"了？我们在学术成果撰写中，可能会遇到这样逐层递进的各种问题。

简而言之，剽窃行为的核心实质是使用别人的东西而不言明。在学术成果撰写和发表中，剽窃有着很多种不同的表现形式。以学术期刊论文为例，期刊论文中的剽窃问题并不少见。学术期刊论文是学术发表最重要的形式之一。学术期刊的质量在规范科研行为和净化学术环境方面具有关键性作用。

在比较长的时间里，国内期刊界没有关于期刊论文学术不端行为界定的标准，所以在不端行为判断和处理方面面临许多困境。2019 年，《学术出版规范　期刊学术不端行为界定》（CY/T 174-2019）作为行业标准正式发布和实施，为判断和处理学术期刊论文撰写、投稿、修改、审稿、编辑和出版过程中的各类学术不端行为提供界定标准，推动学术期刊论文发表的规范化，同时为学术专著出版提供参照。该标准界定了学术期刊论文作者、审稿专家、期刊编辑所可能涉及的各类学术不端行为，帮助期刊论文作者在论文撰写和投稿时、评审专家在评审稿件时、期刊编辑在编辑程序中避免出现相应的学术不端行为。虽然学术期刊论文不端行为的表现形式具有特殊性，但是就不端行为的实质来说，仍是一样的，所以学术专著等科研成果也可参照使用。

参照该标准，按剽窃对象来分，几种常见的剽窃行为如下。

（1）剽窃观点、数据、图片和音视频以及研究（实验）方法

观点剽窃是指不加引注或说明地使用他人的观点，并以自己的名义发表。观点剽窃的具体表现形式有以下几种：① 不加引注地直接使用他人已发表文献中的论点、观点、结论等；② 不改变其本意地转述他人的论点、观点、结论等后不加引注地使用；③ 对他人的论点、观点、结论等删减部分内容后不加引注地使用；④ 对

他人的论点、观点、结论等进行拆分或重组后不加引注地使用；⑤ 对他人的论点、观点、结论等增加一些内容后不加引注地使用。

数据剽窃是指不加引注或说明地使用他人已发表文献中的数据，并以自己的名义发表。数据剽窃的具体表现形式有以下几种：① 不加引注地直接使用他人已发表文献中的数据；② 对他人已发表文献中的数据进行些微修改后不加引注地使用；③ 对他人已发表文献中的数据进行一些添加后不加引注地使用；④ 对他人已发表文献中的数据进行部分删减后不加引注地使用；⑤ 改变他人已发表文献中数据原有的排列顺序后不加引注地使用；⑥ 改变他人已发表文献中的数据的呈现方式后不加引注地使用，如将图表转换成文字表述，或者将文字表述转换成图表。

图片和音视频的使用更为复杂。如果图片和音视频是有版权归属的，那么使用就需要获得授权许可。但是获得授权许可后使用，仍然有可能会出现一些问题，比如：① 不加引注或说明地直接使用他人已发表文献中的图像、音视频等资料；② 对他人已发表文献中的图片和音视频进行些微修改后不加引注或说明地使用；③ 对他人已发表文献中的图片和音视频添加一些内容后不加引注或说明地使用；④ 对他人已发表文献中的图片和音视频删减部分内容后不加引注或说明地使用；⑤ 对他人已发表文献中的图片增强部分内容后不加引注或说明地使用；⑥ 对他人已发表文献中的图片弱化部分内容后不加引注或说明地使用。

研究（实验）方法剽窃是指不加引注或说明地使用他人具有独创性的研究（实验）方法，并以自己的名义发表。研究（实验）方法剽窃的主要表现形式如下：① 不加引注或说明地直接使用他人已发表文献中具有独创性的研究（实验）方法；② 修改他人已发表文献中具有独创性的研究（实验）方法的一些非核心元素后不加引注或说明地使用。

（2）剽窃文字表述和整体剽窃

文字表述剽窃是指不加引注地使用他人已发表文献中具有完整语义的文字表述，并以自己的名义发表。文字表述剽窃的主要表现形式有以下几种：① 不加引注地直接使用他人已发表文献中的文字表述；② 成段使用他人已发表文献中的文字表述，虽然进行了引注，但对所使用文字不加引号，或者不改变字体，或者不使用特定的排列方式显示；③ 多处使用某一已发表文献中的文字表述，却只在其中一处或几处进行引注；④ 连续使用来源于多个文献的文字表述，却只标注其中一个或几个文献来源；⑤ 不加引注、不改变其本意地转述他人已发表文献中的文字表述，包括概括、删减他人已发表文献中的文字，或者改变他人已发表文献中的文字表述的句式，或者用类似词语对他人已发表文献中的文字表述进行同义替换；⑥ 对他人已发表文献中的文字表述增加一些词句后不加引注地使用；⑦ 对他人已发表文献中的文字表述删减一些词句后不加引注地使用。

案例

王某发表在某国际期刊的一篇论文被投诉研究综述和研究方法部分存在剽窃行为。在调查中，王某认为：“论文中涉及的研究全部是我自己完成的，研究结果也有依据，只是研究方法和文献综述有相同之处，这不能算是剽窃。因为英文水平有限，所以我写英文文章时借鉴了那些母语为英语的同行发表的相关文章，甚至原封不动地摘抄了一些语句，但只要论文的核心部分报道的是自己的研究结果和结论，就没有问题。学术论文应该看重实验方法、数据和结论，而不是个别单词或者语句的写法。”

这个案例中的王某的这个说法站得住脚吗？一般来说，文献综述部分需要引用大量的研究文献来论证自己的选题背景和选题意义，并总结相关最新进展情况，这样才有利于引出自己的选题和要解决的问题。从这个意义上，综述是自己研究工作创新性的基础论证。在自己的论文中，经常会引用相关的文献或做出类似评价，但是如果文字表述都是一样的，那肯定是站不住脚的。对于研究方法的介绍，也是如此，具体包括自己的研究为什么要采用这个方法，这个方法在自己的研究中是如何使用的。因此，每篇文章都会有所不同，就不应该出现与别人完全相同的文字表述。

整体剽窃是指论文的主体或论文某一部分的主体过度引用或大量引用他人已发表文献的内容。整体剽窃的主要表现形式有以下几种：① 直接使用他人已发表文献的全部或大部分内容；② 在他人已发表文献的基础上增加部分内容后以自己的名义发表，如补充一些数据，或者补充一些新的分析等；③ 对他人已发表文献的全部或大部分内容进行缩减后以自己的名义发表；④ 替换他人已发表文献中的研究对象后以自己的名义发表；⑤ 改变他人已发表文献的结构、段落顺序后以自己的名义发表；⑥ 将多篇他人已发表文献拼接成一篇论文后发表。

（3）剽窃他人未发表成果

他人未发表成果剽窃是指未经许可使用他人未发表的观点，具有独创性的研究（实验）方法、数据、图片等，或获得许可但不加以说明。他人未发表成果剽窃的主要表现形式有以下两种：① 未经许可使用他人已经公开但未正式发表的观点，具有独创性的研究（实验）方法，数据、图片等；② 获得许可使用他人已经公开但未正式发表的观点，具有独创性的研究（实验）方法、数据、图片等，却不加引注，或者不以致谢等方式说明。

在请教别人时，必然会就某些问题展开讨论。通过讨论，可以获得很多有用的信息。需要特别注意的是，在使用这些信息时，要充分尊重他人的工作和贡献。下面是一个错误地使用了在请教中获得的信息的情景案例。

案例

小李是一名硕士研究生二年级的学生，开学时他已经选定了自己的研究方向，并且完成了毕业论文的开题。但是近来，他的研究遇到了困难：在实验正式开始以后，原本计划运用的实验技术无法获得预期的实验结果。为了继续推进研究，小李必须使用新的实验技术。但是对使用什么新技术，小李丝毫没有头绪。小李在实验室里摸索了好几个星期，仍然没有什么进展。

这时，小李的导师王老师让小李去参加一个学术会议，提醒他参加学术会议的有好几位这个领域的著名学者，如果多听听他们的学术报告，寻找机会跟他们交流，一定会有所收获。

小李去参加了学术会议。在一个专题分论坛上，小李听到了好几个介绍相关研究方法最新进展以及在实验中如何应用的报告。其中一位报告人周老师详细介绍了他们实验室正在做的这个研究方法应用的几个实验，已经出了阶段性成果，正准备撰写论文。

小李回去以后，按照周老师的报告重新设计了实验。2个月以后小李用新的实验技术取得了阶段性进展。据此，小李撰写了一篇论文，直接投给了本领域的一个国内期刊。论文很快就发表了。某日，导师王老师翻阅期刊时，看到了这篇论文。他找到小李询问此事。小李表示自己的确借用了周老师的思路和方法，但是因为周老师还没有这方面的已发表论文，所以他认为自己使用时不需要注明。

在这个情景案例中，小李通过学术报告获悉了别人未公开发表的研究方法并在论文中使用，但没有事先征得同意，也没有在论文中予以说明。小李的这种做法对吗？是不是未公开发表的信息资料就可以"拿来"随便用，不需要征得所有者的同意，也不用进行标注呢？

答案是否定的。在学术交流中如果获取了别人的思想、观点、数据、方法、资料等，是不可以随便"拿来"使用的。"发表"既包括一般意义上的期刊论文、著作等发表形式，也包括口头报告、电子信息等形式。不管是何种形式，只要使用这些资料信息，都必须标明。使用别人未正式通过学术论文等形式发表的成果，必须经过当事人或所有者的许可，获得许可以后还应当以其认可的方式标注出来。

二　伪造、篡改等行为

在当前的科学研究和发表体系中，存在一部分论文的调查、实验无法被其他研究者重复、结果无法验证的现象，如不同实验室甚至同一实验室也无法重复某一实验、获得相同或相似的数据和结果，根据同一调查方案其他人无法获得相近的调查数据和统计结果，等等。诚然，实验设备、试剂、条件等方面的差异，或者问卷设计、限制条件等不同可能会造成结果的不一致，但是这可以通过改进实验条件、操作等来解决。实际上，有一些科研成果的不可重复验证问题却源于其他原因。其中一部分可能源于统计学上的误差、对实验数据的误读、错误操作等，可以将其归于"诚实的错误"。但还有一定比例却是基于主观原因，如作者故意不给出相关的完整信息，过度解读数据，围绕研究目标挑选数据、选择性发表，甚至篡改数据，伪造数据，等等。这些行为显然会导致他人甚至自己都无法重复实验和结果。近几年来，可以看到不少这类案例曝光。

基于主观原因导致的科研论文成果不可验证会给科学研究的发展和科学事业的声誉带来极大的负面影响。由主观因素造成的科研论文成果不可验证，主要可以分为三类。

第一类情况是故意不给出完整的信息。如论文的研究数据、结果和试验现象都是真实的，但作者为了商业利益或者个人利益，以保密条款为借口对关键信息进行封锁，故意在发表的论文中隐去关键步骤、数据等或者修改相关参数，从而使得他人无法直接重复自己的研究。这种行为虽然不一定会被界定为科研不端行为，但是从促进学术交流和推进科学进步的角度来看，仍然是有问题的行为或不当行为。

第二类情况是挑选数据和选择性发表。这包括很多形式，如多次实验只成功过一次，一旦取得理想的数据就马上停止实验；故意省略"不合适"的数据；在不同批次数据中挑选有利数据；不客观地分析数据从而得到理想结果；等等。这样的结果就是他人能够重复实验和结果的概率很低。这也属于不端行为或不当行为，具体视情况而定。

第三类情况是存在伪造数据、篡改数据等严重的科研不端行为。近年来科技界曝光了不少存在这类不端行为的案例，如日本理化学研究所小保方晴子造假事件、日本东京大学多比良和诚及其助手造假事件、美国艾奥瓦州立大学前助理教授Dong-Pyou Han造假事件。这些事件的起源均是其他人无法重复作者发表的科研论文成果，进而产生怀疑，最终证实实验、论文存在数据篡改、伪造等不端行为。

案例

荷兰社会心理学家戴德里克·斯塔佩尔曾任荷兰蒂尔堡大学社会心理学学院社会与行为科学系的主任。他在世界顶级期刊上发表过多篇论文，其中数篇论文很有影响力。

2010年，一个研究生在斯塔佩尔帮他做的3个实验数据中发现了一些问题，在他要求看原始数据时，斯塔佩尔推脱没有保存数据。同年，另一位研究生仔细检查了斯塔佩尔近年来提供给他的学生与博士后的实验数据（其中有许多构成了他们博士论文或已发表论文的基础），发现多处问题，最严重的一处是斯塔佩尔明显复制、粘贴了一组数据，导致表格中有两行数字几乎完全一致。之后，这两位学生将此事报告给社会心理学学院院长马塞尔·泽伦伯格。之后实验室的几位年轻研究人员也向荷兰蒂尔堡大学校长报告斯塔佩尔在实验中有欺骗行为。

2011年11月底，荷兰3所大学联合公布了一份研究报告，称斯塔佩尔在至少55篇论文以及10篇博士生论文中有造假行为。之后，斯塔佩尔在《科学》（*Science*）等发表的30余项实验报告均因学术造假被撤稿。

伪造或篡改数据是科学研究和科研成果撰写中非常典型的不端行为。斯塔佩尔的案例中既有伪造数据的行为，也有篡改数据的行为，是一个非常典型的案例。其他研究者试图重复实验从而发现无法验证，甚至还存在伪造数据或篡改数据等不端行为。日本小保方晴子的案例也是一个典型。

案例

2014年1月29日，日本理化学研究所的小保方晴子团队在《自然》（*Nature*）上发表了两篇研究论文。研究声称将从新生小鼠身上分离的细胞暴露在弱酸性的环境中，能够使细胞恢复到未分化状态，并使其具备分化成任何细胞类型的潜能即变为全能干细胞。他们将这种现象称为"刺激触发的多能性获得细胞"（stimulus-triggered acquisition of pluripotency cells，简称 STAP 细胞）。

小保方晴子的论文一发表就引发了极大震动。一些研究者很快提出了关于这个结果是否能够被其他实验室再现的质疑。于是紧接着，世界上多个实验室开始按照论文提供的方法重复实验，但都无法重复出相同的结果。

之后，日本理化学研究所要求小保方晴子在全方位监控条件下再现 STAP 细胞。最后，小保方晴子未能完成再现，日本理化学研究所的调查认定小保方晴子在 STAP 细胞论文中有篡改、伪造等问题，属于科研不端行为。

在大科学时代，科学家几乎不可能完全依靠个人、不与他人交流或合作。在科学研究过程中同事、合作者、领域内同行相互促进，同时也会形成特定的相互监督。这种监督有利于发现可能存在的问题。同时，科研成果也需要公开发表，发表之后也就进入更大的检验范围。应该说，在理想状态下科学共同体内的这种交流合作、互相监督的机制是有助于发现问题的。但是，从上文所述中可以看到，仍有相当数量的不可验证的所谓成果发表了。虽然其中一部分已经被发现、处理，但应该还有相当数量的论文未被发现。这也提示了现有的同行评议制度、投诉举报机制等，对于预防和发现伪造、篡改等科研不端行为是存在不足的。

从科学家个体的视角，它是一个研究与发表的诚信问题，涉及实验设计、数据收集、数据保存、数据使用的规范；从科学家群体的视角，它是一个科学共同体治理的问题，涉及合作研究、同行评议等；从科学研究事业的视角，它是一个科研管理的问题，涉及科学评价、不端行为调查与处理。因此，就对策来说，它涉及科学家、出版商、研究机构、职业团体、资助机构、管理机构、企业、公众与传媒等不同主体，需要各方通过采取更多的方式和设置更多的环节来应对，如加强同行评议。项目评审、论文评审均直接面对可能存在错误、伪造、篡改及其他一些不当行为从而无法验证的研究申请和科研成果，评审有很大机会发现问题，但是由传统的评审程序承担发现问题和重复验证的任务仍然是很困难的。为了更加有效地发现问题，在传统的同行评议程序之外，还需要设置和采取更多的环节来应对，做更多的有针对性的评估工作。2013 年 5 月，《自然》杂志声明，废除对研究方法部分篇幅的限制，以确保作者对关键技术方法的详细描述。编辑和评审人通过"核对菜单"

对实验设计进行评估，同时鼓励作者在线提交更多支持论文的原始数据。之后《科学转化医学》和《科学》杂志也相继提出了和《自然》类似的规定。

延伸阅读文献

[1] 萨莉·拉姆奇.如何查找文献 [M].廖晓玲，译.北京：北京大学出版社，2007.

[2] 劳伦斯·马奇，布伦达·麦克伊沃.怎样做文献综述：六步走向成功 [M].陈静，肖思汉，译.上海：上海教育出版社，2011.

[3] 乔纳森·格里斯.研究方法的第一本书 [M].孙冰洁，王亮，译.大连：东北财经大学出版社，2011.

[4] 美国现代语言协会.MLA 科研论文写作规范 [M].7 版.上海：上海外语教育出版社，2011.

[5] 麦克里那.科研诚信：负责任的科研行为教程与案例 [M].3 版.何鸣鸿，陈越，王聪，等，译.北京：高等教育出版社，2011.

思考题

1. 小高同学的硕士毕业论文在经过学术不端检测系统检测后发现，论文的重复率达到了 30%。这是否可以直接判定小高的硕士毕业论文是剽窃的？请你给出自己的观点并说明理由。

2. 小王同学选修了一门课程，该门课程的考核要求是提交一篇专题论文。授课老师在审阅小王同学提交的课程论文时，发现论文一半的篇幅直接使用了网上的资料，并且没有写明出处。授课老师据此判小王同学课程成绩不及格。请你谈谈课程论文的诚信问题。

3. 请你查找资料，选取一个产生较大影响的学术剽窃案例，谈谈它的原因、经过、调查以及处理结果，并思考如何才能预防此类事件的发生。

4. 请你举例说明在自己的论文中使用他人资料需要或者不需要做引注的几种典型情况，并说明原因。

第五章
科研成果发表的规范

科研成果撰写之后，就面临着发表问题。学术专著、期刊论文、研究报告等是科研人员展现自己研究成果的重要形式，也是获得同行承认、获得优先权、开展学术交流的依据。成果发表中涉及一系列的诚信规范，主要包括署名规范、作者责任、发表规范等，违背这样一些规范要求，则可能涉及不当署名以及一稿多投、重复发表、拆分发表等多余发表问题，此外，还有近年来非常受关注的发表中涉及第三方的各种问题。

第一节 署名的基本规范

论文的署名是一个很重要的问题。在科研成果中署名，一是分享荣誉，二是承担责任。它直接关系到科学研究创新的归属乃至各类评价，对每个科研人员或作者来说都是至关重要的。随着大科学时代的到来，一项科学研究往往不是一个人所能够完成的，在生命科学、环境保护和信息科技领域，都有诸多研究需要科研人员之间乃至跨机构、跨国合作才能完成。

比如，2015 年 5 月 18 日，《物理评论快报》发表了一篇论文"Combined Measurement of the Higgs Boson Mass in pp Collisions at sqrt（s）=7 and 8 TeV with the ATLAS and CMS Experiments"（《借助 ATLAS 及 CMS 试验在 7 万亿和 8 万亿电子伏特 pp 碰撞下共同测算希格斯玻色子质量》），对希格斯玻色子的质量做出了目前为

止最为精确的估算。该篇论文就包含了数量巨大的署名作者。论文的篇幅为 33 页，其中只有 9 页内容与真正的科学研究有关，剩余 24 页完全用来刊载作者以及研究机构的名称。联合作者总计有 5 000 多名。参与研究的科学家表示，正是因为这篇论文拥有如此多的参与者，实验才能估算出迄今为止最为准确的希格斯玻色子质量。若是论文的作者数量较少，那就可能意味着用作研究的数据不足，从而导致整个研究不够精确。

随着合作研究规模的发展，署名问题也越来越复杂。新的署名问题不断出现：谁才有资格署名，不同的作者该如何排名，作者在投稿和发表中应承担哪些责任，第三方参与的合理边界在哪里，等等。目前已有一些研究机构和出版机构进行了有益的探索，比如，2022 年，中国科学技术信息研究所与 Wiley 出版集团联合发布《负责任署名——学术期刊论文作者署名指引》（蓝皮书），可以在合作研究和论文撰写、投稿过程中遇到署名问题时参考。

这一部分将探讨和阐述著作出版、论文发表等中的作者身份、作者排名、作者责任等方面的相关规范，并围绕在成果发表中常见的科研不端行为和不当行为展开讨论。

一 作者身份

署名是科研诚信的重要内容之一。随着研究合作在时间和空间上的扩展，目前学术界内的著作权之争也愈演愈烈。关于如何署名，作者身份如何界定的问题，迄今为止，国际上还没有明确统一的标准。目前在实际操作中，署名的理由很多，如参与了实验设计，提供了实验设备，修正或分析了观察数据，提出了新的概念或假说，管理实验室工作，起草或编辑论文，帮助制作论文图表，提供技术上的咨询等。但是问题是，做了这些工作的人，是否都自然地就具有署名的资格呢？

科研成果署名的问题，严格来说是学术共同体范围内讨论的问题，遵循学术规范，但是，署名问题涉及著作权、版权、知识产权等问题，因此，在政策乃至法律层面都会关注这个问题，研究机构、学术发表机构、学术团体等的讨论也非常多。在此基础上，虽然说并没有关于署名资格、作者排序等的完全一致的规范、标准，但是仍然形成了一些共识和指南，应该关注。署名问题涉及署名权、作者身份、作者贡献等，不同学科、领域对此有不同的规范和惯例，此外学界的看法也有不同，这仍是一个值得讨论的问题。

《中华人民共和国著作权法》第十条规定："署名权，即表明作者身份，在作品上署名的权利"。那么，到底做出怎样的贡献，才具有作者资格，才能够署名呢？《科研失信行为调查处理规则》第五十条中规定："实质学术贡献，是指对研究思路、设计以及分析解释实验研究数据等有重要贡献，起草研究论文或在重要的知识性内容上对论文进行关键性修改，对将要发表的版本进行最终定稿等。"这个规定，明确了取得作者身份应基于三个方面的贡献：一是对成果中所涉研究工作的贡献，二是对成果撰写的贡献，三是对投稿和发表版本的贡献。

《负责任署名——学术期刊论文作者署名指引》（蓝皮书）也对署名权做出了界定，认为署名权是学术论文的撰写者和实际贡献者所拥有的道德与法律权利，获得署名权体现学术共同体对论文作者身份的认可。论文作者的署名权、修改权、保护作品完整权的保护期不受限制。对于作者利用职务期间其所服务的法人或者非法人组织的条件所形成的论文，作者个人享有署名权。

国际上一些重要学术机构和学术团体给出了界定作者身份的基本规则，如德国马普学会在其制定的《科学研究中的道德规范》中明确指出：不仅对研究成果，而且对论文的构思做出了贡献的人员，才可以名列为合著者。……提供资金者或上级领导如果既没有参与研究工作，也没有参与论文的撰写，而被给予"名誉作者"称号，是不被允许的。

国际医学期刊编辑委员会（International Committee for Medical Journal Editors，ICMJE）在 1978 年开始提出《向生物医学期刊投稿的统一要求》。在 2013 年修订时，更名为《学术研究实施与报告和医学期刊编辑与发表的推荐规范》（*Recommendations for Conduct, Reporting, Editing, and Publication of Scholarly Work in Medical Journals*）。ICMJE 建议根据以下 4 条标准确定作者身份：① 对研究工作的思路或设计有重要贡献，或者为研究获取、分析或解释数据；② 起草研究论文或在重要的智力性内容上对论文进行修改；③ 对将要发表的版本作最终定稿；④ 同意对研究工作的各个方面承担责任以确保与论文任何部分的准确性或诚信有关的问题得到恰当的调查和解决。除了对他 / 她自己完成的那部分工作负责外，作者还需要知道哪个共同作者为研究工作的其他哪个具体部分负责。另外，作者应相信其共同作者工作的诚信。所有被指定为作者的人都应该满足确定作者身份的 4 条标准，而所有满足以上 4 条标准者也都应该被确定为作者。未满足全部 4 条标准者应该被致谢。

科学论文中的"致谢"用来感谢那些不具备署名资格，却为研究做出了贡献的人，包括为研究提供技术支持却不完全理解实验工作的人，提供了写作或编辑服务却并未参与其他方面工作的人。还需要注意的一个问题是，"致谢"一般也意味着"被致谢者"同意作者使用或者发表他们所做的工作或者提供的材料等，但是，也可能存在"被致谢者"不同意的情况。作者有可能未获得"被致谢者"的同意就使用或者发表。因此，在成果发表时，投稿作者可以提交一个书面文件（可以由第一作者或通讯作者来具体执行），表明每一个被致谢人员都同意被致谢，因为读者可能从致谢中推断被致谢人同意作者使用自己的数据、结论等。

二 作者排序

现代科学研究已经成为一项需要更多合作的活动或事业。随着合作研究的扩展，尤其大型研究项目，参与人员数量是巨大的，科研人员在不同阶段、不同领域、不同地域与同行们展开合作，合作研究产生的科研成果往往有多个作者，如此就涉及作者排名的问题。当研究成果发表时，作者的排名问题也随之出现。作者的排名次序关系到作者获得承认的程度，排名次序不当也就意味着科研人员之间的荣誉分配不公平。作者排名的主要依据是合作者对论文的实际贡献的大小，一般地，实验的实施者和论文的执笔者自然是论文的第一作者，其他人按照实际贡献的大小来排名先后，但有一些学科的论文排名是按照姓名字母排列顺序进行的。为加强与期刊的联系以及与读者的沟通，有些论文还会设置通讯作者（corresponding author）。通讯作者是一个职能性而非荣誉性的角色，但科研管理评价实践中，存在将"通讯作者"身份视同、替代或补充作为"第一作者"身份的现象。

为了防止研究成果发表中的权益纠纷，目前许多国家的通常做法是：对于可能涉及多位作者的研究，合作者之间最好在研究工作开始时就在研究组内坦率、公开地讨论具体排名次序，而且在研究过程和著作或论文撰写时还会根据具体情况不断商议，最终在投稿时达成一致意见。

作者排名应当由全体作者共同讨论决定。一般按照贡献和责任的大小依次排列。不同学科可能会有不同的作者排名规范要求，科研人员应当了解并遵守各自学科领域中的有关规范或者惯例。作者排名次序有时还需要参考所投稿出版社或期刊的有关规定。但是很多时候很难将不同人对一篇论文的贡献大小进行量化，从而排出个先后顺序。因此，合作者常常需要在实验开始前，就讨论好论文作者的署名顺序。预先说明署名的原则和相关安排，可以避免以后产生一些不必要的纠纷。

作者排名往往还受到各种非客观的因素影响，从而导致作者排名并不反映每个人真实的贡献。即使是明确的作者排名，也很难反映每位作者具体的贡献。因此，一些期刊引入了贡献者身份模式，即按照具体的贡献来区分作者，明确每一位作者在研究过程中所做的实质工作。如说明具体实施收集数据、设计实验、实施实验、研究讨论、数据分析、撰写论文等的责任人。这种模式肯定了每一位作者在论文中所做的工作，特别是每一位作者在研究过程中所做的实质工作，也有利于核定各自的责任。这种模式期望作者能够真正担当起在团队中的功能角色。

2008 年，《自然》杂志刊登了诺贝尔奖获得者 Linda B.Buck 及其共同作者发表的声明，撤销了他们 2001 年发表在《自然》杂志上的一篇论文。声明中除了说明撤销论文的原因，即研究人员无法重现结果，而且论文数据和原始数据之间有矛盾外，还注明了每个作者的贡献：L.B.Buck 和 L.F.Horowitz 获得项目（conceived the project），L.F.Horowitz 和 Jean-Pierre Montmayeur 准备所必需的实验材料（prepared gene-targeting constructs to generate the mice），Scott Snapper 负责技术培训（trained Z.Z. in gene-targeting techniques），Zhihua Zou 实施实验、获得数据、提供数据和图表（prepared and analysed the mice and provided all figures and data for the paper），L.B.Buck 和 Zhihua Zou 撰写论文（wrote the paper），通讯作者是 Linda B.Buck。

但是，这种使作者利益更加透明的额外贡献分层法仍然是有争议的。如 ICMJE 指出，贡献者身份不能被用来替代 ICMJE 为界定作者身份"数量和质量"的标准，而是应该作为补充。ICMJE 著作者身份标准和"贡献者身份"模式的目的都是肯定每一位作者或贡献者，并向读者公布每一位作者所做的工作。"贡献者身份"模式实际上已经被主要的生物医学杂志所采用。

实质上，ICMJE 著作者身份标准和"贡献者身份"模式都并非完美的，因为虽然界定了作者身份并标出了每个人的贡献，但是还不能回答"谁来负责任"的问题，即如果论文中的特定部分被发现存在科研不端行为、不当行为或其他问题，则该由谁来承担责任。论文中的各部分的责任以及研究内容的最终责任仍然没有明确到具体的人，况且做出了贡献也并不意味着就能够负担责任。也有研究提出每篇文章都标示出"保证人"（guarantor）的做法，这一做法虽然可以明确文章责任承担问题，但因为要占去太多版面，实际难以实行。

尽管目前关于著作者身份应当如何界定的问题还没有最终解决，但是无论怎样，各学科领域和期刊都已经形成了某些约定俗成的惯例做法。对此科研人员必须特别注意并充分了解。

三 作者责任

作者发表论文，不仅是分享荣誉，还要承担相应的责任，主要包括投稿和发表过程中相应的责任、发表的论文出现了问题的责任、其他一些特殊的责任。

最为基本的是，作者必须对每篇投稿的原始数据、资料以及论文摘要、综述、正文等负责。一般来说，作者在投稿时，很多期刊就会有原创性要求，还可能要求作者提供他们所做研究的原创性的声明，一些期刊可能还要求作者提供与他们研究相关的原始数据等。为了确保原创性并确认每个作者的实际贡献，一些期刊要求作者提供贡献者名单、作者对研究的实际贡献的声明，作者需要说明他们的特定贡献。

此外，还有保密的责任，作者和编辑（出版发表机构）之间的关系是建立在保密的基础上的，两者都应该对特定稿件内容以及所有意见保密；应该在评审和出版（如果稿件被接收的话）的全过程中保持与编辑（出版发表机构）联系；注意出版发表机构关于与外部审稿人交流的政策（当然，这个政策在很大程度上取决于期刊实行匿名或非匿名评审），注意期刊关于出版条例的政策。如果研究可能涉及利益冲突问题，那么作者还可能被要求提供经济利益和利益冲突声明（一些期刊也要求作者说明研究中所使用的全部试剂和装置的资助来源）。如果研究涉及人类参与者或者实验动物，那么期刊还可能要求作者提供伦理审查证明，说明研究已经经过相应的委员会的审查，并且研究按照可接受的标准进行。

随着作者数量增多，不同的作者还需区分和承担有差别的责任，其中最为重要的是第一作者、通讯作者的责任，包括保证数据的准确性；确保论文作者署名没有问题；保证所有作者审定过论文的最终稿；处理所有通信并对质疑做出回应。

四 不当署名

署名上的混乱会影响科研诚信，导致科学共同体内的不信任。不具有署名资格的人在论文中署名，是目前学术圈内广受诟病的问题。之所以出现这种情况，部分是由于对规范的不了解，部分则是由于各种利益关系或者其他关系的考虑。

《负责任署名——学术期刊论文作者署名指引》（蓝皮书）提示，下列行为应被视为对论文作者署名权的侵权行为：① 未经论文著作权人许可，发表其论文的；② 未经合作者许可，发表与他人合作研究成果的论文的；③ 不符合署名条件，为谋取名利，在他人论文上署名的；④ 假冒他人署名发表论文的；⑤ 其他形式的侵权行为。当然，除了用自然人身份署名外，也可以用团体作者形式署名，包括合作团队署名、法人或非法人组织署名等。但是发表学术论文署名时，作者不应使用笔名、昵称、缩写形式、虚构名等非正式署名方式。

下面是现在比较常见的一些在论文中"挂名"的做法。第一，团体挂名：只要是一个实验室或者一个研究团队的成员，不管对论文有无贡献，每个成员都在论文上署名，从而增加每个成员所发表论文的数量。第二，借"光"挂名：为了增加论文发表机会，在没有征求当事人的同意的情况下，擅自署上领域内知名学者的名字。第三，相互挂名：相互在自己没有任何贡献的论文上挂名，以增加每个人所发表论文的数量。第四，强制挂名：有些项目负责人、实验室领导、导师明确要求实验室成员所有的论文都要署上自己的名字。第五，回报挂名：为了感谢别人给自己的研究提供材料、设备，而让他在没有实际贡献的论文上挂名。

美国科研诚信办公室在介绍负责任研究行为时，对这种"名誉"署名，有明确的说明。

美国科研诚信办公室关于署名的说明

"名誉"署名，指把并不具备作者资格的人列为论文作者的做法。人们已对名誉作者现象进行了广泛谴责，有些机构甚至将其中的某些极端情况视为研究中的一种不端行为。……这些研究人员之所以被列在出版物中，是因为他们

① 是进行该研究所在系的主任或项目的主管。

② 为该研究提供了资金资助。

③ 是该领域的领军人物。

④ 为研究提供实验材料。

⑤ 是主要作者的导师。

处于这些位置的人，可能对论文做出了重要贡献（如上所述），应该受到承认。但是，如果他们仅仅做出了上述贡献，还不应该列为作者。

尽管关于作者身份应当如何界定的问题还没有最终解决，但是各学科领域和期刊都已经形成某些约定俗成的做法。对此科研人员必须特别注意并给予充分了解。虽然各学科领域和期刊关于成果署名的要求存在差异，但都有这样的一般性要求。

① 符合作者标准的人，除应本人要求或有保密规定外，不能以任何理由将其排除出作者名单。本应有署名权的人如果在著作或论文撰写、投稿、评审期间丧失行为能力或者去世，仍然应当被署名为作者，其署名权应当受到保护。这里也需要注意一类特殊的作者，即"幽灵作者"，是指本来以其所做的贡献有资格署名为作者但没有被列为作者的人，而其之所以没有署名，是因为其署名可能会影响一项研究的可信度，比如有既得利益或商业利益的相关方。这在第七章有关利益冲突的讨论中再做详细讨论。

② 不符合作者署名要求但却对研究工作做出了贡献的那些个人或者组织，应当事先获得他们的知情同意，并以适当的方式予以说明。一般可以放在著作或论文的致谢中。常见的对研究工作有贡献但还不足以署名的情况，如仅仅争取到了研究资助，在研究过程中收集了数据、提供了实验条件，在研究成果撰写和发表中提供了资料或者进行了文字润色。如果仅是做了这些工作，对研究工作和研究成果就没有实质性贡献，不应该署名。

③ 署名不能受到职位、职称、学历等因素的影响，任何人不能以拥有或提供了经费、试剂、设备、资料等科研资源为由，要求在自己没有做出实质性贡献的研究成果上署名。

④ 作者，尤其是第一作者或者通信作者，肩负特别的责任，应当特别注意不当署名问题。全国科学道德和学风建设宣传教育领导小组编写的《科学道德与学风建设宣讲参考大纲（试用本）》中就指出了这样一些不当署名的情形。

一是虚构作者。这种作者一般是有名望的科学家或者某个领域内的权威，他们与著作或论文中的研究没有直接的关系，但是署上他（她）们的名字能够提高发表的机会，增加被检索、阅读的机会，提高引证率，提高研究成果或出版机构的学术地位。

二是荣誉作者。这种作者可能为该研究提供了经费、设备、材料，也可能仅仅为其他作者提供帮助，但他（她）们并未真正参与该研究，没有对研究做出符合作者身份要求的贡献。

三是互惠作者。这种作者的出现常常是源于这样一种情况，即同行、同事、同学为增加论文篇数以达到考核标准，或获得职称晋升，或获得到其他回报，而彼此之间形成互惠关系，相互"搭车"，在对方的著作或论文中相互署名，但是对著作或论文中的研究工作没有实际的贡献。

四是权势作者。这种作者可能是所在机构领导或项目主管，或者是主要作者的导师，他们对作者或该研究有领导责任，虽然可能起了指导作用，但与该成果并没有直接关系，作者出于主动，或者被迫，或者因不了解署名要求而署上他（她）们的名字。

由于作者署名并不仅仅是在作品中写上自己的姓名，还包括单位等信息，所以实际发表中的不当署名问题更加复杂，还有各种各样的需要避免的问题。中国科学院科研道德委员会发布的两个关于署名问题的诚信的文件，基本涵盖了当前实际发表中出现的各种问题行为。

2018 年，中国科学院科研道德委员会发布的《关于在学术论文署名中常见问题或错误的诚信提醒》中对在学术论文署名中常见问题或错误行为进行了诚信提示：论文署名不完整或者夹带署名；论文署名排序不当；第一作者或通讯作者数量过多；冒用作者署名；未利用标注等手段，声明应该公开的相关利益冲突问题；未充分使用志（致）谢方式表现其他参与科研工作人员的贡献，造成知识产权纠纷和科研道德纠纷；未正确署名所属机构；作者不使用其所属单位的联系方式作为自己的联系方式；未引用重要文献；在论文发表后，如果发现文章的缺陷或相关研究过程中有违背科研规范的行为，作者应主动声明更正或要求撤回稿件。其中第一作者或通讯作者数量过多、作者不使用其所属单位的联系方式作为自己的联系方式等，都是以往关注较少但是近年逐渐凸显的问题行为。虽然并不能直接将其认为是不当署名问题，但是如果是为了"争当"第一作者、通讯作者而不是基于实际贡献来署名，都是有问题的行为。

2022 年，中国科学院科研道德委员会发布《关于规范学术论著署名问题负面行为清单的通知》，又补充提醒了禁止未经所有作者一致同意就确定署名顺序（学科和期刊另有规定的除外）；不得因作者所属机构变化而随意变更论著工作主要完成机构，不得虚构、伪造作者所属机构，不得把论著非完成机构作为署名单位等行为。

这些也都是在实际成果署名中比较常见的问题行为。前者容易造成成果发表后论文署名的纠纷，后者则涉及成果归属问题，作者应将完成机构作为署名单位，而不应为了个人各种考核、评价需要而擅自改变署名单位。署名中的"名"，不仅仅是作者的姓名，还包括作者单位、作者简介等。

第二节　多余发表问题

一稿多投、重复发表、拆分发表等发表中的问题可以统称为多余发表。多余发表问题越来越成为学术成果发表中面临的一个棘手问题。由于这些多余发表的形式，尤其是重复发表和拆分发表，本身非常复杂且具有很强的隐蔽性，发现并及时制止它们并不容易。目前已经暴露出来的一稿多投、重复发表和拆分发表的问题案例，可能还只是所有问题中的一小部分。

一　一稿多投、重复发表和拆分发表

一稿多投、重复发表、拆分发表都属于多余发表，是不受欢迎乃至不被允许的行为，甚至被界定为科研不端行为。长期以来，一稿多投、重复发表、拆分发表这几种形式在著作出版特别是论文发表中都存在着，但是对它们的认识和区分还有些模糊。

一稿多投和重复发表常常被混在一起。实际上，一稿多投（duplicate submission 或 multiple submissions）与重复发表（overlapping publications 或 duplicate publication）存在区别。一稿多投一般是指作者将同一篇论文或基于同一组数据资料而只有微小差别的论文，同时投给多家出版社或期刊，或者在收到第一次投稿出版社或期刊的回复之前（在约定回复期内）再次投给其他出版社或期刊。一稿多投更多地反映在投稿时间上存在的问题。常见的一稿多投有这样一些形式：将同一稿件同时投给两

个或两个以上的国内刊物，甚至在明知稿件已经被某刊录用的情况下，仍将稿件投给另一期刊；先向较为著名的期刊试投稿以取得审稿意见来对稿件进行再修改，然后借故将稿件撤回再向其他期刊投稿。第一种做法通常是为了增加发表的机会或者增加成果数量，后一种做法则是为了获得审稿意见以进一步提升自己稿件质量而不惜损害期刊利益。

重复发表又被称为自我剽窃，更多地反映在投稿内容上存在的问题。一般是指作者将已出版、发表的著作或论文的全部或部分，原封不动，或做细微修改（如仅改变作者排序、改变作者单位、改变文章题目、改写摘要、变动图表、删除/添加少量内容等），再次投稿；或者将多篇已经发表的论文，各取其中一部分"嫁接"成一篇"新的"论文后再次投稿；或者在不做任何说明的情况下，将已在某一期刊上发表过的论文再投给其他期刊，其中包括使用另一种语言进行翻译后的再次投稿；或者在新的著作或论文中，大量使用自己已发表过的著作或论文中的内容而不加注释。

而拆分发表是一种更加复杂的形式，也叫冗余发表（redundant publication）或腊肠式发表（salami publication 或 salami slicing），是指仅仅为了增加发表物数量，将一项重要研究划分为若干小实验（即可发表的最小单元）的做法。它的具体表现是，虽然同一作者（群）的多篇论文在行文上看属于不同的多篇论文，但它们实质上仍是基于同样的数据、资料并给出了相似的分析和解释，作者其实完全可以在同一篇论文中表达所有必要的信息而无须增加论文篇数，如对同一数据做出不同解释，其实只需要发表一篇论文就可以将问题讲清楚，且读者阅读其中某一篇论文即已足够，但是作者却用多篇论文发表。这种做法可能会降低研究成果的重要性和整体性，并可能使读者产生疑惑。

由此可见，虽然一稿多投、重复发表和拆分发表存在多种多样的复杂形式，但从本质上讲，它们都属于不必要的多余发表。因此，一些机构和期刊有时也将它们归入同一类有问题的发表行为。

多余发表问题已经越来越被学术期刊界所重视，近年来，也有不少此类行为受到了处理。如国际出版伦理委员会（Committee on Publication Ethics，COPE）的网站公布了很多其收集和处理的国际学术期刊发表中的这类行为案例，其中包括一稿多投、重复发表和拆分发表。当前的国际学术论文发表所存在的问题中，一稿多投、重复发表和拆分发表占的比例并不低，可见其严重程度。

二　合理的改投与二次发表

　　虽然一稿多投和重复发表不被很多机构和期刊所接受，但是在某些特殊情况下，如果作者想要将自己已经投给某一期刊的稿件转投给其他期刊，也是可以的，但是这需要特别注意。有关这方面的注意事项，美国科学编辑理事会（Council of Science Editors，CSE）在 2006 年发布的《促进科学期刊出版诚信白皮书》中有一个可以参考的说明：如果作者在稿件已经进入所投期刊的审稿程序时想要将它转投给其他期刊，那么他们必须正式告知该期刊的编辑。同时，稿件的所有合著者必须一致同意此次撤回，且应与期刊编辑沟通清楚。作者需要从期刊编辑处得到有关稿件撤回的书面认可。在接到期刊认可撤回的通知后，作者才可以把稿件再投给其他地方。此外，作者还应该保留撤回通知的副件。

　　相对来说，重复发表则是一个更加复杂的问题。简单的重复发表，如原文重发、原文经小幅修改后重发、拼凑多篇已发表文章再次发表、过度自我引用而不注明等行为，都是不被允许的。也有很多机构和期刊接受合理的二次发表。COPE 给出了这样的行动建议：① 已发表的研究不需要重复发表，除非需要更进一步的论证；② 在会议期间发表过的摘要日后还是可以投稿发表的，但是在投稿时必须充分说明；③ 假如在二次发表时对论文的原载情况做出充分而清晰的说明，那么以另一种语言二次发表一篇论文是可以被接受的；④ 在投稿时，作者应当说明相关的论文（即使是不同语言的）以及正在发表过程中的相似的论文的细节。

　　ICMJE 制定的、已被千余种期刊杂志采用的《生物医学期刊投稿的统一要求》中，有关二次发表的更加详尽的规定具体如下：

　　特定类型的文章，例如政府机构和专业组织所制定的指南，需要最广泛的读者获知，因此编辑可有意识地选择已在其他刊物发表过的此类资料，但需征得作者及先前发表期刊编辑的同意。如果符合下列所有条件，无论是什么原因，用一种语言还是另一种语言，尤其是在其他国家，二次发表都是正当的，并且可能是有益的。

　　① 作者已征得首次和二次发表期刊编辑的同意；二次发表期刊的编辑需要得到首次发表文章的复印件、单行本或原稿。

　　② 二次发表的时间至少应在首次发表后一周，以尊重首次发表的优先权（除非两种期刊的编辑达成了特定协议）。

③ 二次发表的论文面向的是不同读者群，如以节略本发表即可满足需要。

④ 二次版本忠实地反映首次版本的数据和论点。

⑤ 在二次版本题名页脚注中，告知读者、同行及文献检索机构该文以全文或部分发表过，并写明原文出处。适当的脚注形式为："本文首次发表于［期刊名称、原文详细出处］"。

获得允诺的二次发表应该免费。

⑥ 在二次发表的提名中应指出，这是某首次发表文章的二次发表（完整再版、节选、完整翻译或节译）。需要注意的是，美国国立医学图书馆不收录"再版"的翻译版本；当原文发表在已被美国国立医学图书馆收录的期刊上时，不会再引用或辑录其翻译版本。

三　有关多余发表的处理

关于一稿多投，目前学界也存在着一些不同的看法。过去传统媒体时代，出版模式较为单线化：一稿多投不必要地损耗了有限的发表资源，浪费了期刊编辑和审稿人的时间，甚至影响期刊的声誉；如果作者的同一稿件被不同期刊接受，则会导致版权混乱和冲突。一些学者从投稿人、作者的角度提出，一稿多投有助于传播，一定程度上可以视为作者的权利。如今数字媒体时代，期刊编辑可以从电子稿件中进行筛选，并寻找审稿人；联系上作者先定稿的期刊，则能在第一时间递交版权，从而避免版权纠纷。在一个科学发展日新月异、及时出版可以影响科研工作者职业稳定和研究资金的时代，禁止"一稿多投"对于科研工作者来说是相当不公平的，对科学发展和传播也有影响。2023 年《自然》杂志的职业专栏（*Nature Career Column*）发表了一位来自葡萄牙天主教大学（Universidade Católica Portuguesa）组织行为学学者 Dritjon Gruda 的文章，指出"一稿多投"禁令阻碍科学传播速度，应该被废止，学术期刊不应利用这项不合理的政策囤积投稿。

当然，从传统的评审、出版的角度来看，一稿多投增加了编辑出版成本，对读者来说，也可能加大了他们检索和获取信息的成本，特别是在信息化时代，信息检索和获取资料越来越方便，一稿多投之于扩大传播的意义需要深入分析。这也是在很多国家、领域一稿多投被拒绝的重要原因。但是，是否可以通过改进现有的审稿、编辑流程来更好地促进发表和传播呢？这也是未来科研成果发表需要进一步探索的。2023 年，Cell 出版社将"Community Review"（集体审稿）项目更名为"Cell Press Multi-Journal Submission"（一稿多审）服务。该服务目前允许作者将研究论文提交至生命与健康科学领域的期刊以及一些与 Cell 出版社合作的学会期刊，并为选择该服务的稿件作者提供了被 27 种期刊同时考虑的机会，其中包括 21 本 SCI 期刊和 5 本被 ESCI 目录收录的期刊。

因此，有必要建立针对多余发表的发现、预防和调查、处理机制。一稿多投的行为本身虽然比较简单，但对其的预先发现和制止，很大程度上依赖于作者自律以及各出版社和期刊之间信息沟通平台的建立。重复发表和拆分发表的发现和制止则相对困难，一方面是因为许多重复发表和拆分发表具有很强的隐蔽性，常常需要专业人员的认真比对才会被发现；另一方面是判定上的困难，包括"量"上判定的困难（例如，重复多少内容才能够被判定为重复）和"质"上判定的困难（例如，研究主题或者数据资料等何种程度的重复才能够判定为重复发表）。

COPE 在应对违反研究及出版伦理的问题，如利益冲突、数据伪造和篡改、剽窃、不道德的试验、多余发表和作者署名争议等，给出了很多处理这些问题的实用方式以及探讨良好的做法。目前国际上几个主要的出版集团，包括 Elsevier、Wiley-Blackwell、Springer、Taylor & Francis、Palgrave Macmillan 和 Wolters Kluwer 都已经签署协议将它们旗下的期刊加入国际出版伦理委员会。COPE 制定了针对多余发表的相关政策，搜集了一系列多余发表的案例，为期刊和编辑提供应对和处理建议。下面这个案例就是 COPE 搜集的。在案例的实际处理中，COPE 给出了自己的建议，而期刊编辑接受并予以执行。

案例

论文作者 X 联系了 A 期刊的编辑，询问该刊是否对一种疾病治疗的新概念方面的综述文章感兴趣，文章由作者 X 和另外两名合著者共同撰写。作者 X 指出，合著者原本建议为另外一个期刊写作该文，但是他已经说服他们将该文投给 A 期刊。编辑接受了投稿，经过同行评议以后，该文被发表。很快，其他许多编辑注意到该文以同样的题目、同样的作者发表在 B 期刊的最新一期上，但两篇文章没有彼此引用。

通过比对两篇文章可以发现，尽管经过改写，但其中一些部分非常相似：两篇文章的整体结构和观点表达顺序几乎是一样的；都包含了三个同样的图表（此外还有两个不一样的图表）；2/3 的参考文献都是一样的。两篇文章的区别在于：发表在 B 期刊上的文章中对一些概念解释得更加细致，发表在 A 期刊上的文章包含了一些基础科学部分，但发表在 B 期刊上的文章对此只是简要提及；这两篇文章的结论部分很不同。

A 期刊的编辑马上联系了论文的通讯作者 Y，请他做出解释。作者 Y 对此表示歉意并解释说，他们最初受 B 期刊（还未出版第一期的新刊物）约稿撰文。但当 B 期刊的第一期刊发出来之后，他们意识到他们的论文并不适合这个期刊的预期读者群，而是更加适合全科医生。于是，他们决定将已经写好的论文投给 A 期刊，再写一篇更加关注于临床问题的综述给 B 期刊。作者 Y 说，之所以没有明确说明这篇综述是为 B 期刊所写的，是因为这两篇文章针对不同读者群，有不同的定位。而两篇文章没有互相引用，则是因为其中文章投稿时都还没有收到接收函。

A 期刊认为，这两篇论文看起来针对不同的读者，但它们之间的相似性很明显。作者在论文的这些过往问题上应当更加坦诚，应告知编辑他们的这篇论文是为 B 期刊所写的。

COPE 指出，这类形式的重复发表经常发生，作者以为刊物的读者群不同就可以将一篇论文投给不同的刊物。但除非原始论文被引用了并且编辑事先已经被告知，否则这就是不被接受的行为（即使是发表综述类的论文）。而在这个案例中，国际出版伦理委员会认为作者一方并没有尽到告知责任。

COPE 给出的建议是，作者在综述中插入说明，声明已经有一篇相似但并不完全一样的综述发表了，此外作者还需引用另一篇论文。如果作者不愿意这样做，那么期刊应当发表一个声明。国际出版伦理委员会的另一个建议是，期刊可以在社论中讨论这个问题。

按照 COPE 的建议，A 期刊编辑给作者发了一封信，告知国际出版伦理委员会的建议（撤回论文、发表勘误表，等等），同时声明期刊决定不再采取进一步的措施。同时，作者也被告知，事先不坦诚相告的行为将会危害作者与编辑之间的信任关系，期刊正在考虑修改作者须知，要求综述性论文作者通报其所有正在发表过程中的论文与被期刊考虑的论文在内容上的相似性。

由此，我们可以很清楚地了解到 COPE 关于此类多余发表行为的处理办法。在COPE 给编辑的 17 个非常实用流程图中，就给出了当发现有不端行为时，编辑可以参照执行的程序，其中图 1 就是给编辑的关于投稿中发现疑似多余发表的处理流程指南。

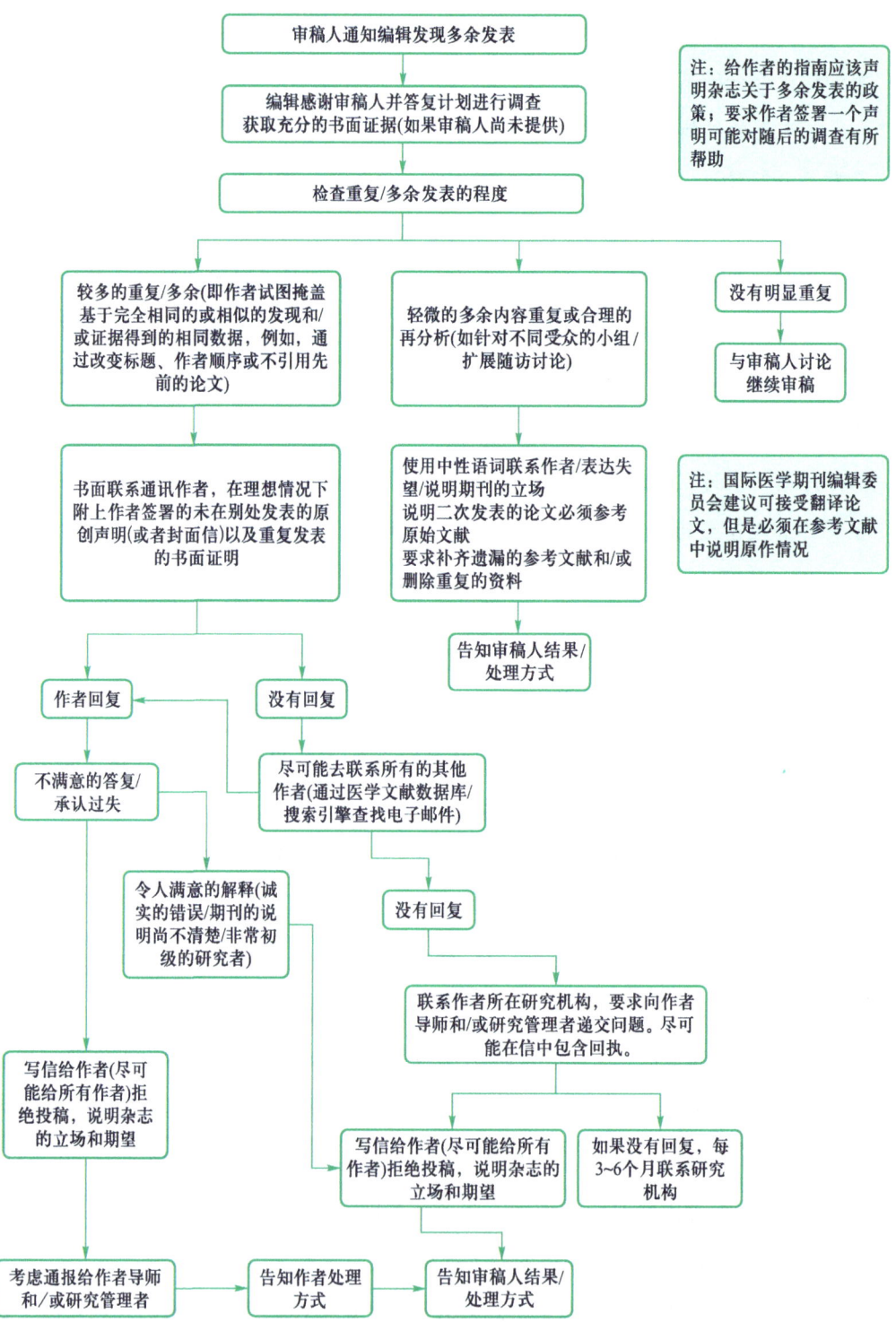

图 1　COPE 关于投稿中发现疑似多余发表的编辑处理流程指南

此外，COPE 也给了编辑关于在已发表的论文中发现疑似多余发表的处理指南。其中的处理程序与图 1 所示相似，只是发现已发表论文中疑似多余发表问题的，一般是广义上的期刊读者，因此在程序上，其发现机制和最后的告知机制所针对的也是读者，而不是审稿人。

一稿多投与重复发表的发现和制止具有一定的难度。期刊需要依据自身的学科特点和运行规则，建立一套完整的程序，并严格执行。COPE 在这方面的建议提供了很好的参考。

第三节　成果发表中的其他问题

学术成果发表中还可能出现其他一些问题行为，《学术出版规范　期刊学术不端行为界定》（CY/T 174—2019）中做了列举：在参考文献中加入实际未参考过的文献；将转引自其他文献的引文标注为直引，包括将引自译著的引文标注为引自原著；未以恰当的方式，对他人提供的研究经费、实验设备、材料、数据、思路、未公开的资料等，给予说明和承认（有特殊要求的除外）；不按约定向他人或社会泄露论文关键信息，侵犯投稿期刊的首发权；未经许可，使用需要获得许可的版权文献；使用多人共有版权文献时，未经所有版权者同意；经许可使用他人版权文献，却不加引注，或引用文献信息不完整；经许可使用他人版权文献，却超过了允许使用的范围或目的；在非匿名评审程序中干扰期刊编辑、审稿专家；向编辑推荐与自己有利益关系的审稿专家；委托第三方机构或者与论文内容无关的他人代写、代投、代修；违反保密规定发表论文。

近年来，有第三方参与的国际期刊撤稿事件频发。2015 年英国现代生物出版集团（BioMed Central，BMC）宣布撤销旗下 12 种期刊 43 篇论文，其中 41 篇是中国作者的论文。这次大规模撤稿事件引发了极大的社会关注。之后，大规模撤稿事件仍时有发生。2017 年施普林格自然出版集团发表撤稿声明，涉及来自中国的 107 篇论文、524 名医生和在读医学生。这次大规模撤稿事件引发了更大的社会关注。这些涉及中国论文和作者的撤稿事件有以下两个共同点：一是在同行评议过程中有造假行为；二是大多为医学领域。

论文集中撤稿事件严重损害了我国科技界的国际声誉，同时也反映出我国学术环境有待进一步优化，惩戒学术不端行为的体系和力度还需进一步改进。科技部会同相关部门成立联合工作组，按照工作部署、彻查规范、核查程序、处理尺度和工作进度的"五统一"，对撤稿论文逐一彻查、甄别责任、严肃处理。经核查，107篇论文中，有2篇论文系《肿瘤生物学》重复发表；1篇系《肿瘤生物学》期刊自身错误撤稿，作者没有过错，《肿瘤生物学》已公开澄清；101篇存在提供虚假同行评议专家或虚假同行评议意见的问题，其中95篇由第三方机构提供虚假同行评议专家或虚假同行评议意见，6篇由作者自行提供虚假同行评议专家或虚假同行评议意见。

同行评审也就是同一领域的研究者担任评审人进行评审。这在学术论文录用中是非常重要的环节。同行评审是稿件被接收之前进行的科学审核过程中必不可少的一部分。实行同行评议制度的学术期刊在收到投稿稿件后，会根据稿件中的研究内容选择合适的同行评审人进行评审。评审人从研究选题、研究意义、研究内容、研究方法、研究创新、研究不足等各方面对论文进行评阅，提出评阅意见和发表建议。可以说，学术发表中的同行评审制度是保障科学研究质量、促进学术发表客观公正的基本制度之一。此次论文的撤稿原因，就是因为评审人造假。这些论文作者在投稿的同时，推荐审稿人。这些被推荐的审稿人可能是真实的人也可能是并不存在的"虚构人"。无论是哪一种，作者所提供的评审人联系方式（如电子邮箱）都是假的。最后，如果期刊选择了这些评审人，稿件就会被发送到作者那里或者第三方那里。这样一来，也就是我们所看到的"运动员"成为"裁判员"。作者的这种做法，无疑是为了获得更加有利于自己稿件发表的评审意见。

根据相关部门公布的调查结果，在这101篇论文中，有12篇系向第三方机构购买；其余的89篇由作者完成，经学术评议认定，其中的9篇存在内容造假，其他80篇系作者完成，内容未造假。这107篇论文共涉及作者521人，其中11人无过错，486人不同程度存在过错（这486人中，102人为主要责任人，70人为次要责任人，314人没有参与造假），其他尚待查实的24人将按程序先纳入科研诚信"观察名单"。之后，各涉事作者所在单位按照统一的处理规则，区分涉事作者参与论文造假的事实情况和具体情节，依据法律法规等相关规定，对涉事作者进行处理。

论文集中撤稿事件虽是个别案例，但严重损害了我国科学研究的国际声誉，也反映出我国加强科研诚信建设的迫切性。科技部事后牵头会同相关部门对撤稿论文逐一彻查，对查实存在问题的论文作者按照统一尺度、甄别责任、严肃处理，向社会公开。同时各部门对涉事论文作者承担或正在申请科研项目（基金）、基地建设、人才计划和科技奖励等情况进行了全面排查，对相关科研项目、基金等予以暂停。针对此次撤稿事件中参与造假的第三方中介机构，各部门联合启动网下清扫工作，打击论文造假的"灰色产业链"。之后一系列加强作风学风建设政策的出台，也使我国科研诚信建设呈现出新的形势。

医学等领域集中、大规模撤稿也折射出科技评价机制存在的问题。2018 年以来，一系列以破除"唯论文、唯职称、唯学历、唯奖项"为鲜明指向的人才评价改革新政密集制定发布。近年来，国家以"评什么、谁来评、怎么评、怎么用"为着力点，以"破四唯"和"立新标"为突破口，以深化改革和政策协同为保障，按照创新活动类型构建以创新价值、能力、贡献为导向的科技人才评价体系，为实现高水平科技自立自强和建设世界科技强国提供有力人才支撑。多元化的评价机制有利于引导科研人员更加客观地看待成果发表，推进良好科研环境建设。

◆◆ 延伸阅读文献

[1] 中国科学技术信息研究所，约翰·威利国际出版集团．负责任署名：学术期刊论文作者署名指引（蓝皮书），2022.

[2] 戴 B，盖斯特尔 B. 如何撰写和发表科技论文 [M] .6 版 . 北京：北京大学出版社，2007.

[3] 麦克里那 . 科研诚信：负责任的科研行为教程与案例 [M] .3 版 . 何鸣鸿，陈越，等，译 . 北京：高等教育出版社，2011.

◆◆ 思考题

1. 论文作者署名一般需要同时满足哪几个要求？如果某人对一篇论文有贡献，但未能满足作者署名的要求，应当如何处理？

2. 结合案例研讨：某老师的一名博士生在发表论文时将这名老师列为通讯作

者，老师默许了，但他并未参与具体的撰写和修改，也未核查研究工作和论文。之后这篇论文被发现存在数据造假问题，该老师以不知情为由，提出不应承担责任。请你分析该老师是否应承担责任，并说明理由。

3. 论文代写属于什么类型的问题行为，是署名问题、伪造问题、剽窃问题，还是违法问题？再结合新技术在论文撰写中的应用，谈一谈其中的问题和可能的解决办法。

4. 谈谈应如何看待和处理一稿多投。

第六章
合作交流与培养教育的规范

科研诚信原则贯穿于科研活动的始终。在前面的章节中已经探讨了科研实施、成果撰写和发表出版等环节应遵循的诚信规范。在本章中将着重介绍在合作研究、学术交流和培养教育等学术活动或场景中的科研诚信规范问题。

第一节　科研合作的规范

随着大科学时代的到来，人们面临的科学问题日益复杂，学科的分工也变得更加细密。科学研究和创新不再仅依赖于少数天才的个人努力，而是越来越需要团队协作。科研合作的重要性不言而喻，它不仅能解决单一学科知识背景难以应对的问题，还有助于发现新的科学问题、开拓新的研究领域。科研合作涉及科研活动的各个环节，如科研项目申请、科研活动开展、科研基础设施使用、数据资料开发利用、成果发表、学生培养等。从合作主体看，除了科研人员之间的合作，也包括科研机构间的合作、科研机构与企业间的合作，还包括国家间的科技合作等。

然而，科研合作在带来诸多益处的同时，也伴随着一系列问题，例如，分工协作的组织、资源信息的共享以及成果和利益的分配等。经济学家指出：社会分工一方面会带来专业化的好处，另一方面也会带来"交易成本"提高的弊病。科学界的分工合作同样会面临这样的挑战，因此需要建立并遵守包括诚信规范在内的科研合作规范。

一 合作研究的基本规范

合作研究主要指科研人员在学术研究过程中的合作，是科研合作最常见的形式。在合作研究活动正式启动之前，合作各方应根据相关研究领域的研究机构或资助机构所制定的合作规定或管理要求，详细阐述并明确各项合作事宜，达成并签署合作协议，以明确合作的目标、各参与者的具体职责以及合作伙伴间的利益分配机制。这一举措旨在为合作过程中可能遭遇的各类问题做好预案，确保合作的顺利进行。中国有句古话叫"亲兄弟，明算账"，还有句话叫"先小人，后君子"，就是强调在合作之初便明确规则的重要性，这样才能为后续的合作伙伴关系奠定坚实基础，促进合作的高效进行，并有效防范学术不端行为和诚信问题的发生。

科技部监督司发布的《负责任研究行为规范指引（2023）》中，明确指出"合作研究各方应事先通过协议等形式约定权利义务、责任与分工、经费分配、成果发表与署名、研究数据及成果的归属、知识产权安排和争端解决机制等事项"。美国科研诚信办公室对研究合作预先协议中应包括的内容给出了具体建议，建议在从事研究工作之前，合作双方对以下方面达成共识："项目目标和预期结果；每一合作伙伴所要担当的角色；如何收集、存储和共享数据；研究设计将如何做出改变；谁将负责起草出版物；将用于对有贡献作者的身份进行确认和排序的标准；谁将负责提交报告及满足其他要求；谁将负责或有权利公布该项合作研究；将如何解决知识产权和所有权问题；如何变更、何时结束合作关系。"

除了正式的协议和合同外，合作研究还应遵循各种非正式的制度规范。其中，合作者之间秉持相互尊重的原则，共同营造一种彼此信任的合作氛围至关重要。合作伊始，各方应积极沟通交流，充分尊重彼此在学术立场、研究方式和价值标准等方面的差异，并明确各自在未来的研究中所能做出的贡献。对于每位合作参与者的贡献，都应给予充分的尊重和认可，建立起相互尊重、认可与信任的氛围。社会学家将团队中这种基于信任和尊重形成的团结氛围称作一种"社会资本"（social capital），如果一个合作研究团队能构建更多的社会资本，就能有效提升研究效率，取得丰硕的研究成果。

由于参与合作研究的各方往往来自不同机构和不同学科，因此在合作开始时，各方应充分了解各方所在机构和学科对相关研究规范的要求，如果这些要求之间存在差异，合作各方应通过协商讨论达成共识，确定在合作研究中应遵循的规范。

在合作研究的进程中，合作各方保持持续、坦诚且有效的沟通是极为关键的。每一个合作参与者都应及时向其他合作者通报自己的研究进展和研究中遇到的困难和问题，通报研究数据的来源，在合规的前提下分享自己的研究数据和研究发现，及时回应其他合作者提出的问题等。如果在研究过程中某方出现重要变动，如主要研究人员变动等，都应及时通知其他合作者。

以上介绍了在合作研究中应遵循的一般性规范，也就是在合作时应该怎么做。下面将进一步明确在合作中应当避免的行为，也就是不应该做什么。

首先，应避免在合作讨论中，从非学术的角度提出个人意见和建议。例如，合作讨论时基于个人利益或基于意识形态等考虑发表意见，合作研究的目标是追求真理、推动科学事业的发展，如果掺杂了非科学因素，不仅会影响合作研究的开展，也会影响最终科研成果的质量。

其次，应避免在合作过程中，擅自将已取得但尚未发表的研究成果应用于个人研究或泄露给合作伙伴以外的人。合作过程中取得的研究成果是所有参与者共同努力的结晶，是所有参与者共同付出的结果。如果未经合作伙伴的许可，擅自将合作研究的成果应用于自己的个人研究或泄露给其他人，将对合作产生恶劣的影响，也违反了合作研究中互相尊重的基本诚信原则。

再次，应避免在合作过程中，出于个人功利考虑，对合作伙伴、项目资助方或社会公众隐瞒与安全和风险相关的重要信息。科学研究过程中充满了不确定性，随时可能出现明显或潜在的、可能对社会和公众产生不利影响的风险。当研究者确定发现研究存在某些风险时，不能出于追求学术上的成功或其他私利性的考虑，对合作伙伴、项目投资方或社会公众有意隐瞒这些风险信息。

最后，应避免以科研合作为名，实则利用合作项目资源开展与学术研究无关的活动的情况，这种行为是对科学精神与合作原则的背离。合作研究的目标和内容都应与科学研究相关，不应打着学术的幌子行商业或其他非学术之事，这对其他合作者而言是不公平的，也会给科学研究事业带来负面影响。在某些特定的科研合作（如产学研合作）中，如果某一方在开始时就计划利用合作资源和成果开展与学术研究无关的活动，应在开始时向其他合作方明确表达，并达成共识。

二 产学研合作研究的规范

当今社会中，科学技术已成为推动经济社会发展的基本驱动力，科研成果转化为在市场和社会中应用的产品的速度大大加快。在这样的大背景下，科研人员和科研机构与产业界的合作（一般称为"产学研合作"）日趋紧密。产学研合作是一种比较特殊的科研合作形式，参与产学研合作的合作者所属领域范围更广泛，参与者之间的差异性更大、更多样。产学研合作往往涉及较大的商业利益，如专利或新产品的市场收益，远超过发表几篇论文所得的稿费或科学奖励，所涉及的利益分配问题也更为复杂。因此，明确产学研合作规范的重要性愈发凸显。

具体来说，产学研合作一般会有比较严格的合作规范。首先，这些合作通常都需要签订正式的项目合同，明确规定合作的具体内容、任务分配、参与方责任、完成时间等。由于涉及潜在的巨大商业利益，合同的要求往往更为细致、严格。特别是科研成果的归属问题，需要参与各方在合作开始时有明确的约定。此外，产学研合作过程中有可能会使用合作企业的专属信息和知识产权，为保护这些信息和权利，研究人员和企业之间可能还需要签订保密协定，避免在合作过程中泄露企业敏感信息。在合作过程中，科研人员应格外审慎对待这些敏感信息，保持高度的保密意识。这不仅是确保产学研合作顺利进行、维护各方利益的必然要求，也是对知识产权的尊重和对自己的保护。

产业界对合作研究中的数据篡改、伪造等不端行为非常敏感，因为新产品的市场表现直接关系到企业的经济利益，如果由于合作研究中存在不端行为，导致研究成果或产品不能达到预期效果，企业将承受巨大损失。因此，产业界对产学研合作项目通常会有一系列明确的规程要求。例如，要求认真保存所有实验数据，研究成果也需要经过同行专家的严格评审，等等。研究人员应该在合作研究过程中认真执行相关规程，确保研究符合科研诚信规范的要求。

三 国际科技合作研究的规范

在当今全球化发展的时代，科研人员的合作早已超越了民族国家的边界，国际科技合作也已成为各国政府及科技管理部门推动科技事业发展的重要手段。国际科技合作是一种特殊形式的科研合作，由于不同国家在文化、法律、政治制度以及科研管理制度上存在诸多差异，国际科技合作所涉及的问题更加复杂。如果参与者未能严格遵循国际科技合作的规范，可能导致极为严重的后果。

国际科技合作中有一些具备普遍适用性的规范。受邀者在合作过程中首先应自觉遵守邀请方所遵循的诚信规范。例如，当中国的科研机构作为发起方邀请其他国家的研究者参与合作研究时，受邀者就必须尊重并遵守中国的科研诚信规范及文化制度，也就是我们常说的"入乡随俗"。当然，作为邀请方，中方机构也有责任提前向受邀者详细告知相关规定和注意事项，给予对方充分的知情权与选择权，确保参与各方在明确规则的基础上开展合作。合作伙伴之间应在充分尊重各方意见的基础上，结合参与方所在国家的法律规章和社会文化，协商形成一致的合作共识。在与外国合作者共享科研成果和科研数据时，还应严格遵守本国数据安全管理法律法规的相关规定。

此外，在国际科技合作中，还需特别注意相关国际组织的规范和要求。许多国际科技合作项目是由国际组织资助或主导的，而这些国际组织在科研诚信方面往往有着特定的规范和要求。因此，参与者在合作过程中，除了遵守本国及邀请方的文化规范，还应关注并遵守提供资助的国际组织在研究规范方面的相关规定以及适用于项目研究内容及性质的规范文件。

第二节　学术交流的规范

学术交流在科研活动中占据着举足轻重的地位，在现代科学发展的早期阶段，研究者们通过私人交流的方式分享自己的研究成果和发现，互相学习、交流思想。随着时代的发展，又出现了更为制度化的学术交流形式，如学术出版、学术会议等。学术交流是促进科学研究事业发展的重要手段，有学者使用"无形学院"这一概念，形象地描绘了科学家在学术交流中形成的联系和学术网络，在这个网络中，学者们互相交流、讨论，共同推动科学研究的进步。学术交流的形式丰富多样，本节将主要介绍学术会议、学术讲演和交流访问这几种制度化程度较高的交流形式和私人交流这种非正式交流形式中的规范问题。

一 　学术会议规范

对于每一位从事科学研究的成员来说，学术会议都是不可或缺的交流平台。学术会议将来自不同领域的研究者会聚一堂，既可以通过会议上的报告、评议和问答等形式开展正式交流，更可以通过会下的交谈甚至争辩进行非正式讨论。高质量的学术会议是一场学术的盛宴，学者们能够通过会议了解国内外研究的前沿突破，了解同行研究的最新进展，把握学科的研究热点问题。为保证学术会议的质量，会议的组织者和参与者均需要遵循一定的规范。

首先，学术会议的所有参与者均应以促进学术研究和学术发展为主要目的。要避免功利性参会行为，如仅提交摘要或论文而不实际参会，或参会但不提问，也不参加讨论、不参加分组交流等。学术会议的核心价值在于为不同领域的研究者提供直接交流的平台，如果参会者仅作为听众而不积极参与讨论，那么会议的交流功能将大打折扣。

其次，学术会议的报告者应在规定时间内充分、准确、坦诚地阐述自己的研究理念、研究方法和研究成果。对于提问者的问题和质疑，应尽可能系统和全面地回答，不回避相关细节和信息资源，就报告的内容与其他参会者进行有效、充分的沟通讨论。在交流时应坚持学术民主原则，平等讨论，不能因权威身份和学术地位打压不同观点。

最后，学术会议上出现学术批评和争论是正常现象，但应在开放、平等、民主、自由、包容的氛围下进行。在会议上开展学术批评时，应排除个人恩怨、利益冲突等非学术因素的影响，本着客观、科学的态度提出不同观点。要尽可能做到站在对方角度思考问题，这样就能保证无论思想交锋多么激烈，都仍然是在互相尊重的前提下展开的。学术讨论应仅限于学术问题，避免涉及对他人人格、智商或道德水平的评价，避免出现过激言论，避免使学术会议沦为不同学派、不同"山头"争夺学术话语权的"擂台"。

为进一步说明参加学术会议应注意的规范问题，在此举一个国内多部关于科研诚信的著作中都曾经提到过的案例。

案例

戈尔德施密特大会（Goldschmidt Conference）是国际地球科学界最重要的学术会议之一。2007 年和 2008 年戈尔德施密特大会分别在德国和加拿大举办。在这两次大会上，均有相当数量的来自中国的研究人员报名参会并刊登摘要后却未出席会议，其中多数人都没有事先通知会议组委会不能与会，也没有提前通知组委会撤销论文展示和论文报告。

报名参加却实际未到会的现象引起会议组织者和其他参与者的强烈不满。对此行为，国际学术界提出了公开批评。

组织学术会议是一项既辛苦又烦琐的工作，需要预先进行大量的准备，而案例中这样的缺席行为无疑是对会议组织者辛勤付出的极大不尊重。这种多人报名参会，提交摘要却不出席的行为在国际学术界产生了极大的负面影响。尽管缺席者可能确实出于一些特殊原因而不能参会，但由于缺席者未提供合理的解释且未及时通告，使得这种行为变得不可接受。

随着信息技术的发展，通过互联网组织举办的网络／线上学术会议（online/virtual academic meeting）越来越普及，网络学术会议一般使用在线平台提供的网络会议软件进行，因其组织方便、成本低廉等特点得到更多研究者的青睐。中国人民大学课题组于 2022 年对我国自然科学基金申请人的一项问卷调查显示，有 19% 的受访研究人员明确表示如果必须选择，自己更愿意选择网络会议形式参加学术会议。当被问及网络学术会议的好处时，分别有 88% 和 78% 的受访者认为网络会议可以降低科研人员参加会议的时间成本和经济成本，还有 72% 的人认为网络会议方便了学生和没有经费的研究者参会。可见网络会议在未来极有可能成为学术会议交流的主要形式。

由于网络会议是一个新生事物，目前关于组织和参与网络学术会议应遵循的规范和原则还没有形成共识，但已经有学者开始讨论相关问题，提出了保证更多研究者有参与机会、保证网络学术会议如线下会议一样能提供研究者之间深入交流的机会等规范要求。

组织网络学术会议的十条规则

规则 1：处于职业生涯任何阶段的研究者都可以组织在线会议。

规则 2：线上环境消解了"只有得到机构支持才能开学术会议"的壁垒。

规则 3：利用在线平台的设置做好会议安排，规避后勤保障难题。

规则 4：选择那些注重互动性的在线平台，深入了解它们的使用方法。

规则 5：使用在线平台为参会者节约成本。

规则 6：充分利用社交媒体和其他替代形式的广告来扩大会议的影响。

规则 7：抓住机会吸引国际参与者。

规则 8：确保线上会议可以满足线下会议不能满足的需求。

规则 9：寻找新颖的解决方案，以促进联系的机会。

规则 10：制定一个连贯的、有明确主题的会议日程安排，使内容尽可能广泛地为受众所接受。

来源：Rich S, Diaconescu AO, Griffiths JD, Lankarany M. Ten simple rules for creating a brand-new virtual academic meeting（even amid a pandemic）. PLoS Comput Biol 16（12）：e1008485.

二　学术讲演规范

学术讲演是研究者进行学术交流的重要方式之一，包括在学术会议上的报告、学术讲座、成果发布和给学生授课等多种形式。研究者在上述场合中通过口头表达等方式，综合运用多媒体设备、实物模型等工具，对特定的学术议题进行现场展示。优秀的学术演讲者应具备严密的逻辑、清晰的条理，运用有力的论证来阐述自己的学术观点或研究成果，并通过富有感染力的讲演方式与听众形成有效的沟通。

受孔子的影响，国人心目中理想的科学家形象或许也像"君子"一样是"讷于言而敏于行"的，但现代科学的发展却对科学家"言"的能力——也就是学术讲演的能力提出了更高要求。一个优秀的科学家不但要能够在安静的研究室里承受独自思考探索的寂寞，也要能够在喧嚣的讲堂上滔滔不绝地展现自己的研究思路和成果。在笔者组织的针对中国科技工作者的调查研究中发现，科技工作者普遍认为表达能力和交流沟通能力是优秀科学家的综合能力中不可或缺的部分。

既然学术讲演是一种特殊的学术交流方式，那么在讲演时就应该特别注意遵守基本的学术规范。这里讨论的学术演讲基本规范，并不是为了让大家成为一个出色的演讲者，而是保证学术讲演的参与者都能严格遵循科研诚信规范，保证学术交流的质量。

首先，学术讲演者应该对报告内容做出生动、深入的讲解，而不是简单地、照本宣科式地复述自己的研究论文。在学术会议和讲座中，有时会碰到这样的讲演者，整场报告就是从头到尾逐字念完自己的论文。我们参加学术会议或讲座主要是为了聆听讲演者的独到见解，理解其研究思路和研究过程，并进行更深入的交流。如果演讲者只是照本宣科地复述文本内容，听众们还不如直接去阅读原文，完全没有必要通过讲演方式交流。当然，讲演者也不可以走向另一个极端，在报告时随意发挥，完全偏离原定内容。学术讲演的听众往往是因为对报告的特定内容感兴趣才来参加的，如果讲演者在讲演过程中偏离主题，会使听众感到失望，破坏学术交流的效果。

其次，讲演者应该根据目标听众类型及其特点确定讲演的主题和语言。对于初学者、学生或社会公众，讲演者可能需要适当介绍报告中涉及的基本概念和基础知识，以确保听众能够充分理解讲演的内容。而对于研究领域内的同行学者，讲演时则应避免过于基础的内容，以免浪费听众的时间。讲演的语言选择也有讲究，如果听众全都是本国人，使用外文做报告通常是不合适的，这样会降低学术交流的效率。

再次，在报告过程中，讲演者应该对论点和论据进行合理安排，做到观点明确、陈述清晰，同时要确保讲演内容真实可靠。虽然学术讲演不是正式发表或出版，但讲演者同样应严格遵守诚信规范，对自己的讲演内容负责，确保其真实性和准确性，不能为了吸引听众注意力而对数据或研究结果进行修改或修饰。为增强报告的精彩性和吸引力，讲演者可以在讲演技巧和表达方式上下功夫，但绝不能牺牲学术诚信原则。同理，如果在学术讲演中引用了他人的研究成果和学术思想，应该说明其出处。这样做不仅是对原作者的尊重，也有助于听众了解信息的来源，增强讲演的权威性和可信度。

最后，参加学术演讲的听众也要遵守相应的规范。在演讲过程中应认真听取报告，完整理解报告者的演讲内容。在讲演后的交流提问环节积极参与，提问和讨论时应集中围绕与讲演内容有关的学术问题进行。如果讲演的内容尚未公开发表或出版，未经讲演者许可，不能擅自将讲演内容在更大范围内传播，更不能剽窃讲演的内容和创意用于自己的研究成果。下面是一个根据网络资料整理的违反学术讲演规范的案例。

案例

2018 年 6 月，海外学者 F 教授受邀在国内 S 研究所做学术报告。他报告了自己的一项长期研究且尚未发表的研究成果，详细介绍了研究思路、实验设计和研究结果。一位 S 研究所的研究人员 Y 参加了学术报告，报告结束后还向 F 教授请教了很多实验细节。随后，Y 立即组织团队重复了同样的研究工作，得到了相似的实验结果，并在 6 个月后将自己的论文投稿，最终在 F 教授团队发表论文之前抢先发表了研究成果。2020 年 7 月，F 教授举报称自己的研究成果被 Y 抄袭并抢发。

2021 年 9 月，有关部门发布对此事件的调查处理结果，认为 Y 在受到 F 教授报告的启发后开展相关研究工作，其间未与 F 进行必要的沟通和交流，未在发表的论文中体现 F 教授的报告对他的启发，未遵守学术界通行的学术交流规范，决定对 Y 进行科研诚信诫勉谈话。

三　交流访问规范

交流访问指的是研究者或研究生（以下简称"访问者"）前往国内外其他科研机构（以下称为"访问机构"），以访问学者、交换学生、人才交流等方式开展持续一段时期的学术交流、合作研究与学习的活动。这种形式的交流对于访问者个人来说，有助于其拓宽研究视野，在新的环境中体验不同的研究、工作和学习的方式。对于访问机构而言，通过引入具有不同背景、文化和不同研究思路的学者和研究生，能够增强自身研究团队的多样性，优化研究生态。

在交流访问过程中，访问者一般会使用访问机构的设备、资料和数据、参与访问机构的科研项目，也会与访问机构的研究人员共同探讨学术问题、共同发表研究成果等。当访问者深度参与访问机构的科研活动时，需要及时了解访问机构的相关规定，遵守当地的诚信规章制度。如果访问机构与访问者原所在机构的研究规范存在不一致之处，就可能引发矛盾。在这种情况下，访问者应及时咨询访问机构的管理人员，商议合适的做法。不能简单援引自己原所在机构的习惯或规定，而违反访问机构的相关规章制度。

在交流访问结束后，访问者要特别谨慎地处理在交流访问期间从访问机构获得的资料和数据，如果需要从访问机构带走这些资料，应按照访问机构的管理规定完成必要手续或事先与访问机构约定。

四　非正式交流规范

以上提到的学术交流方式是比较"制度化"的正式交流方式，除此之外，科学界大量的交流是通过私人的、非正式的交流形式进行的。私人交流可以发生在学术会议和讲座的间隙，可以发生在研究机构的休息室、咖啡间，也可以通过书信、电子邮件、电话等通信方式进行。私人交流往往在一种轻松的氛围中进行，研究者可以放下正式交流的拘束，以自由、随意的方式讨论，在思想的碰撞中激发创新和创意。

虽然这种非正式的交流看似随意，但也应遵循一定的规范。例如，当研究人员在私人交流中从其他研究人员那里获取了灵感，对自己的科研工作产生推动时，应以适当的方式承认他人的贡献。如果与他人的非正式交流对自己的研究成果提供了方法上或其他方面的帮助，那么在完成研究论文时，也应对此表示感谢。我们常看到有的论文会在首页说明"本文的创意得益于与某某的讨论"，或者标明"感谢某某对本文提供的帮助"等，都是遵循私人学术交流规范行为的一种表现。如果研究者从与某位研究者的私人交流中获得了实质性的直接帮助，应当考虑给予帮助者共同署名的权利。

无论是在正式学术交流中还是在私人交流中，研究者都应严格遵守相应的学术规范，以保证学术交流顺利进行。如果违反学术交流的规范，例如，在听到他人的新思想后直接抄袭并抢先发表，或者对通过交流获得的学术支持秘而不宣，都将严重损害学术交流的健康发展。这可能导致研究者之间失去基本的相互信任，彼此提防，在交流时小心翼翼，学术讨论流于形式。我们应充分认识到学术交流规范的重要性，确保学术交流能够真正发挥其促进科学研究和创新发展的作用。

第三节　培养教育的规范

学术思想的传承和学术新人的培养是科研活动的重要内容，也是科学家精神的重要内容。2019年印发的《关于进一步弘扬科学家精神　加强作风和学风建设的意见》明确指出"甘为人梯、奖掖后学的育人精神"是科学家精神的内容之一。培养教育活动的主体是老师和学生，因此调节师生互动过程的相关规范也成为科研诚信规范体系中不可或缺的组成部分。

中国素有"尊师重教"的文化传统，"师"被列为与"天、地、君、亲"同等地位的存在，甚至还有"一日为师，终身为父"的说法。但近年来也出现了一些因师生关系处理不当而导致的恶性事件，提示我们师生关系并非总是和谐美好的，有可能出现矛盾冲突，需要有良好的规范引导。

师生关系涉及范围较广，本节集中讨论的是学校教育中"导师－学生（主要指研究生）"的关系。这里的导师指的是负责向学生提供指导，负责学生的学术、技术和道德发展的特定的人。教育部于2020年印发的《研究生导师指导行为准则》明确指出，研究生导师是"研究生培养的第一责任人，肩负着为国家培养高层次创新人才的重要使命"。我国在20世纪早期引入了"导师制"，经历了一系列的历史波折，在改革开放后，"导师制"终于被正式纳入高等教育体制。自2006年始，我国又开始了以科研为导向、导师负责制和资助制为核心的研究生培养机制改革，并逐步推广和确立了导师负责制和资助制度。导师除了负责指导研究生的学业外，还有义务带领研究生在就读期间参与导师的科研项目，并从科研经费中分配一部分作为资助学生学习的费用。研究生在跟随导师参与科研项目的过程中，可以通过"干中学"更好地学习知识，积累科研的实践经验，为将来从事科学研究职业打下牢固的基础，同时也可以减轻求学期间的经济压力。当然，"资助制"也在一定程度上使师生关系变得更为复杂，现在有不少研究生将自己的导师戏称为"老板"，体现了导师社会角色的多重性和师生关系的复杂性。

从社会学的视角看，师生关系属于一种"不对等"的关系，关系的双方在地位、权力和资源上都处于不平等的位置。唯其如此，要保持良好的师生关系，就必须坚持相互尊重、相互信任的原则。学生固然要尊重导师，导师也要充分尊重学生，包括尊重学生的人格、保证学生在学习和科研上的自由选择权利等。

一 导师的规范与责任

导师在师生关系中处于主导地位，在良好师生关系的构建中扮演着主要的角色。在培养指导学生时，导师应遵循的主要规范如下。

首先，保证自己严格遵守科研诚信规范，并通过言传身教，帮助研究生学习掌握科研诚信的知识，加强学生的学术规范训练，督促学生在科研实践中恪守诚信底线。导师是研究生从事科研工作的引路人，应该在学生学术生涯开始阶段为其筑牢科研诚信的基础，避免其误入歧途。实证研究表明，导师对于研究生科研诚信知识的获得起着至关重要的作用。自 2007 年起，中国科学技术协会对全国科技工作者组织了数次大规模的问卷调查，调查中询问了科技工作者有关科研诚信的知识是通过什么渠道获得的，2008 年第二次全国科技工作者调查报告、2013 年第三次全国科技工作者调查报告、2017 年第四次全国科技工作者调查报告结果显示，在 2008 年、2013 年和 2017 年，分别有 46.3%、44.7% 和 39.7% 的受访者表示自己的科研诚信知识是通过师友的言传身教获得的，可见以导师为代表的师友言传身教是科技工作者获得科研诚信知识的最主要渠道之一。导师还应鼓励学生积极参加科研诚信相关培训课程，系统了解在科研活动不同环节应遵守的诚信规范、各种学术不端行为的表现形式以及科研诚信知识，建立起良好的作风学风。

其次，在指导学生学业和带领学生从事科研工作的过程中，应随时了解和监督学生的学习和科研工作，及时发现并指出其科研工作中的错误，在研究设计、实验、数据收集与生产、论文撰写、成果署名等环节严把科研诚信关，从源头上杜绝学生出现学术不端行为的可能性。不能默许甚至要求学生实施违反科研诚信规范的行为。

再次，导师应确保自己有足够的时间和精力来指导学生，并为学生学习和科研提供必要的资源。导师应认真履行学生培养"第一责任人"的职责，不能因为自己的科研教学任务繁重而疏于对学生的指导；应根据自己的条件合理确定指导学生人数，不能盲目招生，"只管招，不管带"；在带领学生参加自己的科研项目时，应加强指导，通过科研实践提升学生的能力，不能仅仅将学生当成完成导师科研项目的廉价"学术劳动力"。

最后，导师还应充分尊重学生的研究见解和学术贡献，在学术成果署名和知识产权归属方面充分保障学生的合法权益。在与学生共同完成的科研成果署名时，应严格遵循成果署名的规范，根据对成果的贡献确定署名次序，不能认为导师就天然地具有署名第一作者或通讯作者的权利。如果是学生独立完成的科研成果，导师不能强行侵占署名权。有的导师在学生独立完成、自己没有任何贡献的学术成果上任意署名，一旦该成果被发现存在抄袭、数据造假等学术不端问题后，又辩称自己完全没有参与这一成果的形成过程，应该免责。其实这时导师已经陷入了"两难困境"——如果导师完全没有参与该成果的形成过程，不能承担抄袭或造假的责任，则其必然存在不当署名、侵占学生研究成果的问题；反之，如果导师的署名是合理的，那就需要对成果的不端问题负责。下面是一个根据网络资料整理的案例。

案例

2024年1月，中国A大学动物营养系H教授课题组的11名硕士、博士研究生联名举报导师的学术不端行为，举报材料多达百页，详细列举了H教授及其指导的3名博士、13名硕士研究生在学术论文、同行评审、学生劳务、论文署名、教材编写等多方面的不当行为。包括：

在H教授指导的有关"××醇"实验研究和论文写作过程中，学生从未见过真正的××醇提取物。但即便不具备实验条件，仍能通过"实验"数据产出多篇SCI论文。材料披露了H教授指导的博士、硕士研究生发表论文与学位论文中存在严重的论文数据造假行为，包括图片重复修改使用、数据篡改和编造、结论共用与描述错误，等等，此现象在多名博士、硕士研究生及本科生的论文中均有体现。

此外，H教授还涉嫌操纵同行评审，在评审时通过其指导的博士后研究人员组织学生自拟审核意见，对即将接受的文章随意"做"数据，以达到发表的目的。H还打压有不同意见的学生，强迫其篡改不显著的数据为"完美"结果。文章投稿后一旦被要求提供原始数据，就更换期刊投稿；需要补充文章数据时就随便编造或混淆。

H教授还存在论文不当署名、教材编写造假等问题，甚至未经学生原作者同意即让其他学生甚至家属在成果上署名。其主编的教材也存在内容照抄却不标注引用、文不对题等问题，且主编与副主编的署名与实际编写人员不符，连致谢都未提及学生姓名。

在劳务方面，H教授克扣学生应得的劳务费，虽然项目经费充裕，却不给学生报销购买实验材料的费用，且实验室耗材短缺与高额发票之间存在矛盾。同时，H教授在教学方面也存在不端行为，如直接给学生提供考试答案，要求学生抄袭同一份实习报告以应付考核等。

接到举报后，校方对此高度重视，立即成立工作专班进行调查。2月6日，校方公布调查结果，认定H教授作为通讯作者发表的10篇论文存在伪造、篡改实验数据和图片，2篇论文不当署名；1项科研项目的申请书和1项科研项目的结题报告使用了存在学术不端的论文；主编出版的一部教材重复了他人出版教材的部分内容，且未注明出处。在师德师风方面，存在指导学生失职失责、言语不当、敷衍教学问题。在财务方面，存在对部分研究生少发助研津贴问题。校方决定撤销 H 校内一切职务，解除聘用合同，并承诺将依规依法对举报中涉及的其他涉嫌学术不端、学术不规范行为的人员进行调查处理。H 指导的 15 名在读研究生均已落实新导师，少发的助研津贴已补发到位。

这个案例中，涉事的 H 教授几乎精确地踩中了导师诚信规范的所有"雷区"，不仅自己在科研活动中违反诚信规范，实施了数据造假、图片造假、操纵同行评议意见、不当署名等多种学术不端行为，而且滥用导师的权力，胁迫学生参与学术不端行为，打压学生的不同意见，还有克扣、挪用研究生经费的问题，等等。这起事件中，联名举报导师的研究生们敢于对导师的不端行为说"不"，体现出年轻学子对学术规范的认同和践行学术规范的勇气。

二　学生的规范与责任

作为培养教育的对象，学生无疑也需要遵循特定的行为规范，这些规范包括与导师互动的规范、学习中的规范和参与科研活动的规范等。

（1）与导师互动的规范

良好的师生关系需要师生双方共同建设，学生们首先应在充分尊重导师的基础上，积极主动地向导师学习请教。导师们往往承担着极其繁重的教学和科研任务，不一定总能保证有充分的时间指导学生的学业和科研工作。因此，学生们不能坐等老师的召唤，而应主动联系导师，与导师商定合适的时间向其汇报自己学习和科研工作的进展、在学习和研究中遇到的困惑和问题以及自己未来的学习工作计划等。前面说过，师生之间存在着事实上的地位不平等，所以学生们往往对导师有一种"敬畏"的情绪，平时不敢联系导师；或者是担心打扰导师工作而不愿联系导师。这种情绪和顾虑其实是不必要的，会对师生关系造成不利影响。指导学生是导师的义务，学生向导师请教是天经地义的事情。当然，学生们也要充分体谅导师的工作负担，多观察导师的工作方式，多与导师和同门沟通，逐步熟悉并适应导师的工作节奏，选择适当的时机向导师请教。在与导师讨论前，学生应做好充分准备，保证讨论的质量和效率，以免浪费双方的时间。

（2）学习中的规范

学生在学习过程中，也需要遵守相应的诚信规范。在课堂学习过程中，应认真学习老师讲授的内容，积极参与课堂讨论和互动，保证课堂学习的效率。在完成老师布置的课程作业时，不能直接抄袭同学的作业或他人的研究成果。值得注意的是，与科研论文的"抄袭"一样，作业的抄袭也包括"自我抄袭"，如将自己在另一门课完成的作业拿来充当本门课程的作业，除非老师事先允许，否则也属于一种学习中的不端行为。完成课程作业时还应谨慎使用人工智能工具，在使用前必须获得授课教师的明确许可，并在作业中明确标注使用的工具和引用来源。在参加考试，特别是以开卷或论文形式进行的考试时，要特别注意不能直接"抄袭"他人的观点、想法和研究成果。

（3）参与科研活动的规范

学生在求学期间还会参加一些科研实践活动，特别是研究生，大多会参加导师的科研项目。这时学生的社会角色就是一名研究人员，必须严格遵守前面提到过的所有科研活动诚信规范。科技部监督司发布的《负责任研究行为规范指引（2023）》中，明确提出了对学生参与科研活动的要求，包括：

① 投入充足时间与精力完成导师或项目负责人安排的研究任务，尊重所在科研单位、导师、项目负责人的培养与付出。

② 遵守科研管理规定和相关要求，及时向导师、项目负责人报告研究进展，按规定收集、保存实验记录、数据等，确保研究过程真实、透明和可追溯。

③ 使用所在科研单位或团队项目的研究经费、实验设备、数据资料等所取得的研究成果，公布、发表或转让应遵守有关规定。

④ 毕业离校或离开所在科研单位、研究团队之前，应按规定交还全部原始数据、图片资料、实验记录、样品等科研资料，未经许可不得私自带离。对于在原单位所获得或接触的数据使用权限，应当遵守原单位相关规定或事先约定。

研究生一旦参加了科研活动，就成为科研体系的组成部分之一。不能认为自己只是一个学生，即使有一些违反学术规范的行为也不会产生严重后果。下面是一个根据网络资料整理的学生违反诚信规范的案例，很好地说明了这一点。

案例

H在中国Z研究院攻读博士期间，由其导师L教授指定论文方向和题目，其中一个工作是合成某类化合物。耗时近两年后，H"实现"了最初的设想，并作为第一作者将成果发表在世界顶尖化学期刊《美国化学会志》上。2006年，H博士毕业后去德国做博士后，该课题由导师的另一位研究生F接手。但F在实验过程中始终无法重复出H的实验结果。对此，H通过电子邮件表示可能是试剂问题导致的差异，但未能进一步提供有力证据，只发誓是亲自做实验得到的结果。导师L深感疑虑，提供机票请H回国重复实验。经过反复交涉，H在2007年1月回国，但依然未能成功重复出之前的实验结果，不久后H突然不辞而别，失去了联系。

为了查证实验结果的真实性，导师L教授及其团队进行了长达数月的深入调查。2月14日，L教授将他们查实的结果寄给H，并给她三周时间充分考虑与申辩，H却拒绝申辩并发话任由处置。经L教授与其他学生对各种可能性进行分析后得出结论：H论文中的重要数据是造假无疑。随后，L教授致信《美国化学会志》要求撤销H的论文。同时，H在德国的科研机构得知此事后，也立即解除了与她的聘用合同。L教授还向有关方面汇报了H的造假情况，Z研究院提请国务院学位办撤销了H的博士学位。

L教授事后表示，实验期间他与H之间一直保持沟通，然而H的造假是一种高智商且难以被察觉的造假。在其进行此化合物实验的一年多时间，L教授也曾安排一名学生参与H的工作并进行复核，但并未发现异常。只是在后来的重复研究过程中才发现了问题。L教授在公开场合中表达了对这一造假事件的痛心疾首，称H的造假行为不仅毁了她自己，也给L教授、论文合作者及团队带来了深深的伤痛和不光彩的印记。

"千里之行，始于足下"，每一位有志于未来投身于科学研究事业的学生都应该通过学习和实践掌握科研诚信规范，并将其内化为指导自己学习和工作的基本要求，在学术生涯的起步阶段就校正好方向，才能保证未来顺利地攀上科学研究的高峰。

◆ 延伸阅读文献

[1] 李真真，黄小茹.科研伦理导论：如何开展负责任的研究［M］.北京：科学出版社，2020.

[2] 麦克里那.科研诚信：负责任的科研行为教程与案例［M］.3版.何鸣鸿，陈越，等，译.北京：高等教育出版社，2011.

思考题

1. 导师学生关系的核心价值是什么？

2. 假如你被邀请与一位素未谋面的科研人员开展合作研究，你将如何决定是否接受邀请？

3. 小王是某大学生物实验室的高年级博士研究生。最近他花了很长时间撰写了一篇重要的学术论文，论文提交的截止日期就要到了。过去几个月来，小王对实验室其他成员的态度发生了巨大的变化。之前的他乐于帮助他人，每天都很开心，现在他总是抱怨，午饭或者业余时间也不再与其他学生交流。在实验室组会时，他也沉默寡言。师弟师妹们就只有小王熟悉的问题向他寻求帮助时，他却将他们打发走，并说自己太忙了。有时候，他容易暴怒，抱怨自己在实验室的工作太多。同学们都注意到小王的变化，但是他们的导师徐教授却没有发现任何不同，因为小王和他的交流没有任何变化。作为导师，徐教授应该关注小王行为上的变化吗？如果应该，他应怎样去干预这一情况呢？

第七章
科学研究中的利益冲突及其规范

科学是一项追求真理的社会性活动，科研人员应以严谨的科学精神为导向，致力于科学研究。以兴趣和好奇心为驱动的研究，始终是科学活动的主要形式。自20世纪起，随着科学的日益体制化，科学研究逐渐成为一种专业职业，因此，除了探寻真理，科学的应用价值也逐渐成为科学活动的重要特征之一。与此同时，科技进步与经济建设、社会发展的紧密联系，使科学活动的动力机制发生了微妙转变。这一变革使得利益冲突在科学研究中愈发普遍而且深入，成为社会各界日益关注的焦点问题。

第一节　科学研究中利益冲突问题的提出

客观和公正是科学研究的基础。在科学研究中有很多因素可能导致潜在的偏倚，发生利益冲突，进而影响其客观性和完整性。科研利益冲突包括经济利益冲突和非经济利益冲突。但是，在科学研究活动中，利益冲突是不可避免的，需要做的应该是负责任地识别、披露和避免潜在或显著的利益冲突。

一 利益冲突及其特征

（1）利益冲突的概念

"利益冲突"（conflict of interest）一词的词源最早可以追溯到古罗马恺撒时代。根据相关研究，利益冲突正式作为一个词汇载入英语词典（*Merriam-Webster's Collegiate Dictionary*）应该是在 20 世纪 50 年代。

利益冲突最初是作为一个法律概念出现的，1949 年出现了第一例援引利益冲突的法院判例。1953 年，美国总统艾森豪威尔（Dwight Eisenhower）欲任命通用汽车公司前总裁威尔逊（Charles E.Wilson）为国防部长，遭到国会的反对，因为通用汽车公司是美国政府的合约商。国会要求，只有在威尔逊售出其通用汽车公司的股份之后才能出任此职，理由即其潜在的利益冲突可能导致损害公众利益。

《美国百科全书》（*Encyclopedia Americana*）对于"利益冲突"词条的解释是，某人的利益或职责与他另外的利益或职责发生冲突。《布莱克法律词典》第 7 版中对于"利益冲突"词条的解释是，公职人员或受委托人职责与其私人利益或获取私人利益之间的关系。维基百科中将利益冲突定义为：一个人或一个组织涉及多个利益，包括财务利益或其他利益，为一个利益服务可能涉及与另一个利益相冲突的情况。通常，这与个人或组织的利益可能对为第三方利益做出决策的义务产生不利影响的情况有关。

尽管利益冲突的概念宽泛，但人们讨论最多的往往是私人利益与公众或公共利益之间的冲突。利益冲突法案的出台，正是源于对某些人因私利而可能损害其受托职责，进而影响公众或公共利益的担忧。这种冲突既可以是个人层面的，也可以是集体层面的；既可以是实际存在的，也可以是潜在的；既可以是直接的，也可以是间接的，主要包括管理冲突、实际和潜在利益冲突、直接和间接利益冲突、委托事项冲突等。利益冲突指的是职业人员与其所属或代表的组织之间存在利益关系时，这种利益关系可能影响或危及职业人员做出正确、客观和公正的专业判断，从而损害公共利益。利益冲突产生的根源在于个人获利，而研究者偏见则是其形成的工具。为了控制这些利益冲突，可以采取自我约束、同行评价、政府干预、立法规范、过程公开、内容公开以及处罚等多种措施。

（2）利益冲突的特征

根据利益冲突的概念，可以看出利益冲突具有以下特征。首先，利益冲突描述的是一种状态、环境或情况：利益冲突是一个中性的、描述性的词语，它指出了某人或某机构处于这样一个状态之中，但并不代表利益冲突一定会实际地造成或引发严重的社会后果。其次，利益冲突的当事主体只有一个：利益冲突只是一个主体的两种不同利益之间的竞争、冲突和矛盾，而不是不同个人或团体，或个人与团体之间在利益分配或占有过程中出现的矛盾。最后，利益冲突是个人或机构的次要利益与主要利益之间发生的冲突：次要利益是指个人或机构的一己之私利；主要利益是指个人或机构在"信托的或公共服务的关系"所要求承担的责任和代表的利益。当次要利益"不适当地"影响到为了主要利益所做的专业判断时，利益冲突才会发生。

二 科学中的利益冲突问题

随着科学逐渐走向职业化，其活动形式演化为多角色参与的复杂社会活动。诸如管理、合同、规则、责任、训练、雇佣等词汇的出现，标志着从"学院科学"到"后学院科学"的深刻转变。约翰·齐曼（John Ziman）指出，现代科学研究在组织、管理和实施方式上正经历着根本性、不可逆转且全球性的变革。他采用"后学院科学"的概念来描绘这一新纪元科学研究的特色，并强调这并非短暂偏离传统科学轨道，而是一种全新的生活方式。

在后学院科学中，科研人员不仅要生产与传播知识，更要关注知识的技术应用，并从中获取实际或潜在的个人经济利益。学术共同体内部的奖励机制倾向于鼓励独创性和首创权，因此社会承认成为科研人员行为的内在动力。然而，这种追求往往导致研究中的捷径行为。从外部看，社会组织对科学的影响日益增强，政治、经济和工业因素强烈地影响着学术共同体。科研人员如今更多地扮演着国家、企业或大学的雇员角色，其自由受限于支付薪金者的意愿。许多大学和研究机构也在积极寻求与产业界的合作，以实现利益共享。

后学院科学时代强调科学知识的"效用"，这导致科研人员的价值观和行为规范发生转变。利益、价值等社会文化因素对科学实践的影响日益显著，科学活动与科研人员个人利益的关联愈发紧密。因此，利益问题比以往任何时候都更加突出地摆在学术共同体面前。

进入 20 世纪 80 年代，生物医学领域的不端行为使学术界再次关注利益冲突问题。瑞曼（A.S.Relman）率先研究了企业与科研人员之间的经济联系，并将某些行为界定为利益冲突。学界对专业智力领域的利益冲突现象进行了深入研究。汤普逊（D.F.Thompson）将利益冲突定义为一种状况，在这种状况下，与主要利益相关的专业判断可能受到次要利益的不当影响。

汤普逊关于利益冲突的定义包含三个核心要素：首先，利益冲突涉及信托关系，委托人将利益交给受托人管理，受托人的判断或行动对委托人利益具有决定性影响；其次，受托人除委托人利益外，还有自身利益，这些利益包括经济、家庭、友情、宗教信仰、政治倾向等多个方面；最后，受托人自身利益与委托人利益之间存在潜在的冲突关系，即一方受益可能导致另一方受损。

对于科研人员而言，利益冲突是指其个人利益干扰其在科学活动中做出客观、准确、公正判断的情况。科学研究中利益冲突的本质在于科学知识背后的社会利益与科学家个人利益之间的矛盾、科学知识客观性与人类认识主观性之间的矛盾以及具体科学方法自身的局限性。利益形式多样，除了金钱外，还包括声誉、地位、人际关系等，这些因素都可能影响科研人员在研究中的选择和判断，涉及研究方向、方法、文献引用、数据使用、学术交流等各个方面。

三　利益冲突对科学的影响

人们之所以高度关注科学活动中的利益冲突，并非仅出于对一般道德失范的担忧，而是更侧重于那些利益冲突极可能诱发严重科学不端行为、严重损害科研诚信的特定情况。设想一下，当科研人员的升迁事宜即将被审议，或一笔数额庞大的研究经费申请正处于紧要关头时，当事人的专业判断可能受到这些利益因素的干扰，其研究结果可以合理地受到质疑。因此，关注科学活动中的利益冲突，其核心目的在于消除这些合理的疑虑，重塑人们对相关科学活动的信任与信心。

案例

克和大卫都是一家环保咨询机构的研究人员。他们承担了一家石油公司的项目，评估该公司计划开采的油井对一条河流的环境影响。虽然油井并未直接影响到河流，但他们却探明，这条河的一条地下支流与正在钻探的油井十分接近，他们怀疑这条可能遭受石油污染的地下河会汇入河岸外的地下蓄水层——河边小镇的唯一饮水源。他们向主管报告了此事，主管让他们继续撰写咨询报告，但不允许提及地下河一事。他们对此提出抗议，认为应完整地报告所有信息。主管则无奈地耸耸肩："如果石油公司不喜欢我们的报告，会不再请我们做环保顾问，而让能提交令他们满意的报告的公司做。如果公开这个结果，引来环保人士激烈抗议，整个地区的开发可能被叫停，谁还会来请我们……"

谈到利益冲突，我们自然会联想到科学社会学家默顿提出的"无私利性"规范。这一规范常被解读为对科研人员从事科学活动动机的约束，即科研人员除了促进知识生产外，不应有其他动机，在接受或排斥科学思想时不应计较个人利益。尽管这种无私利性的道德理想值得追求，但将其作为普遍要求则显得过于简单。默顿在强调无私利性的同时，也指出了科学界对创新者的荣誉和奖励机制。在现实中，名和利密不可分，许多科研人员并不避讳将获得科学奖励和金钱报酬作为目标。因此，无私利性并不排斥因科学贡献而获得的荣誉、奖励和利益，也不排斥利益冲突的存在。

科学事业与人类利益紧密相连，利益是驱动人们行为的重要因素。马克思曾指出，利益与人们的行为密切相关。科学知识的生产作为有目的的思维活动，无法完全脱离个人利益。个人在追求名望、尊严或物质利益的过程中，往往也在无意识地推动科学和社会的发展。现代社会为科研人员提供了精神鼓励和物质利益等动力，这些动力成为推动科学事业发展的重要因素。

然而，社会利益与个体利益在科学活动中既有一致性，也存在差异，甚至冲突。社会利益是不同群体和个人利益协调的结果，主要表现为公众利益或公共利益。科研人员作为社会角色，其义务可能与其他社会角色产生冲突，导致利益冲突。利益冲突不仅影响研究方向和选题，还可能诱使科研人员违背科学性和客观性，产生主观偏见。

面对这一现实，我们可以将默顿的"无私利性"规范理解为控制和避免利益冲突的制度性要求。这一规范旨在消除个人利益对科学客观性的干扰，确保科学交流的客观性和科学知识的公共性。当无私利性成为制度规范时，它将以强制形式要求科研人员遵守，特别是在追求个人利益时，这种规范将成为禁令。无私利性规范通过对科学客观性的强调，规范并约束科研人员的行为。当这一规范被内在化时，违背它的人将承受心理冲突的痛苦。

在今天，科学知识的产生、应用和传播方式已发生深刻变化。继续倡导"无私利性"不仅是对科研人员思想的特殊暗示，更赋予了避免利益冲突的新内涵。这有助于消减个人利益对科学客观性的不良影响，确保科学活动的健康发展。

第二节　科学研究中利益冲突的表现形式

科研人员在科学研究中揭示世界的真相，寻求客观知识，在这个过程中委托人与公众或公共利益之间可能会发生冲突，最为直接的是科研人员专业责任与职业、声誉、收入等方面的利益可能存在不一致。科学研究中的利益冲突常见形式包含经济利益冲突和其他利益冲突。

一　研究过程中的利益冲突

科研人员如果在研究过程中过分顾及自身的利益，就可能会导致出现侵害他人利益或公众利益，违反职业道德和行为规范的问题。下面轰动一时的"摩尔细胞案"是科学研究过程中利益冲突的一个经典案例。

案例

摩尔（J.Moore）患白血病，于1976年在加州大学洛杉矶医学院摘除脾脏。他的医生古德尔（D.Golde）事先未征得他的同意，即将他血液中的某些化学物质申请专利，并与一波士顿公司签合同分享300万美元利润。瑞士桑多士（Sandoz）制药公司向其支付了1 500万美元开发Mo细胞系。该医学院连续7年取他的血、骨髓、皮肤和精子样本。摩尔开始怀疑他的组织被作他用，1984年他发现自己已成为专利号4438032。他感到身体被剥削、人格受侮辱，于是将古德尔医生告上法庭。

Scheffer C.G.Tseng事件也是研究过程中利益冲突的典型案例。

案例

Scheffer C.G.Tseng博士是眼科学研究的专家。他在20世纪80年代美国联邦政府资助的研究中，发现维生素 A 对兔子的眼睛干涸症状似乎有积极作用。在前期研究的基础上，进行了维生素 A 治疗眼睛干涩的人体试验，并发表了两篇有利于这种疗法的研究报告。

Tseng 博士与其导师建立了一家名为 Spectra 的公司，专门生产治疗眼睛干涩的维生素 A 药膏。在公司上市时，Tseng 博士与其导师成为最大的股东。Tseng 博士在人体试验中擅自扩大试验范围，侵犯受试者的知情权，在病人不知情的情况下进行了数百次试用。Tseng 博士通过选择性地发表自己的试验结果，得出维生素 A 对眼睛干涸有效的结论。当其他科研人员试图揭发维生素 A 药膏无效的事实时，Tseng 博士提前出售了 Spectra 公司的股份。由无利益相关的研究人员所做的研究证明该药膏对眼睛干涸没有疗效，甚至会导致长期使用的患者出现不良反应。Tseng 博士与他展开试验的麻省眼耳科医院院长被迫辞职。

通过以上两个案例可以看出，研究过程中的利益冲突是屡见不鲜的，如果不进行及时控制，科研人员就可能会因为各种各样的利益在研究中侵害研究对象和他人的利益。

二　咨询过程中的利益冲突

科研人员因其在专业领域的权威性，经常被邀请担任仲裁、咨询等职务，利用他们的专业知识为委托方提供决策支持。然而，在受到某些利益主体影响的情况下，一些科研人员可能做出带有倾向性的判断，影响其专业建议的客观性，这可能导致委托方的利益因这种倾向性判断而遭受损害。因此，我们需要更加审慎地对待科研人员的仲裁和咨询工作，以确保决策的公正性和客观性。

三　研究结果的利益冲突

如果科研人员受到利益的影响，很有可能会得出倾向性的结论，这将明显违背科学客观性的原则。这种利益冲突贯穿于研究对象的选择、研究设计、病例筛选、数据分析处理方法以及选择性发表论文内容等各个环节。特别是在与制药公司、烟草公司、食品公司等有着密切关系的生物医学领域，利益冲突案例屡见不鲜，因此该领域对于利益冲突的研究也相对集中。我们需要警惕并加强对这些利益冲突的监管，以维护科学研究的公正性和客观性。

案例

  一篇关于吸烟和新冠患者关系的论文发表在 *European Respiratory Journal*（IF=12.339）上，第一作者和通讯作者分别是美国犹他大学博士后 TG 和希腊帕特雷大学资深学者 KF（出于隐私考虑以首字母代替全名，下同），后者同时是电子烟领域重量级专家。这篇论文提出"吸烟者感染新冠病毒的可能性明显小于不吸烟者"，并且在文末明确声明无利益竞争关系。在随后的调查中编辑部发现，论文第二作者 JMM 当时正在为烟草行业提供减少烟草危害方面的咨询，而第四作者 KP 当时是希腊非政府组织 NOSMOKE 的主要调查员，该组织得到了世界无烟基金会（The Foundation for a Smoke Free World）的资助，而这一基金会又受到了烟草行业的资助。

  在对论文内容和相关信息进行层层审查并与出版商协商后，编辑部表示尽管这篇论文不存在任何科研不端行为，但还是决定予以撤销。因为期刊所在的欧洲呼吸学会章程规定不允许与烟草行业有利益关系的个人参与其活动，包括成为学会会员、参加学术会议以及在学会官方期刊上发表文章。如果在论文投稿时作者披露了上述与烟草行业的关系，那么这篇文章就不会被发表甚至送审。编辑部进一步表示，虽然国际出版伦理委员会的撤稿指南指出"未披露潜在利益冲突通常不足以成为撤稿的理由"，但编辑们一致认为在当前新冠疫情的敏感时代背景下针对该文的撤销是合理的。

四　成果发表时的利益冲突

  在成果发表时也可能会存在利益冲突，如有些科研人员长时间向同行和公众隐瞒其研究成果，以提高自己期刊论文或特定学术会议的新闻价值。

案例

  《掩盖瘟疫：艾滋病与美国医疗》一书披露：由于从事艾滋病研究的人员数量不断增长，《新英格兰医学杂志》变得非常挑剔。过剩的艾滋病研究文章使得主编因格勒芬格（Franz Inglefinger）博士要求期刊上发表的任何一篇文章都具备"独一性"，即期刊不会发表任何在其他刊物上出现过任何细节的文章，包括在公众出版物上。成百的其他期刊一直在利用"因格勒芬格法则"对论文加以限制。从此，大量的文章和科学成果被延误数月之久。

五 同行评议中的利益冲突

同行评议中的利益冲突现象也极为广泛。在我国，科学基金、科技计划和期刊的同行评议中，利益冲突问题并不鲜见，例如，在同行评议过程中的地方保护、师生门派保护、人情关系学、走后门、经济利益冲突等个案，都是同行评议过程中利益冲突的具体体现。我国多项政策都对同行评议中的利益冲突问题进行了规定。2019 年印发的《关于进一步弘扬科学家精神　加强作风和学风建设的意见》指出，抵制各种人情评审，在科技项目、奖励、人才计划和院士增选等各种评审活动中不得"打招呼""走关系"。《科学技术活动违规行为处理暂行规定》明确将"打招呼""走关系"等请托行为列为违规行为，为彻底清除"人情风""圈子风"提供了更为具体的制度支撑。

2020 年发布的《科学技术活动评审工作中请托行为处理规定（试行）》中指出，请托行为是指在科学技术活动评审过程中，相关单位或个人以直接或间接、明示或暗示等方式，向评审组织者、承担者及其工作人员和评审专家等寻求关照、谋取不正当利益的行为。2023 年发布的《国家自然科学基金项目评审请托行为禁止清单》中提出，执行科研人员禁止清单、依托单位禁止清单、评审专家禁止清单、自然科学基金委工作人员禁止清单等，以维护国家自然科学基金项目科学公正的评审环境。

六 成果转化与推广时的利益冲突

在科研成果转化与推广过程中，利益冲突问题也很普遍，有时会使一方的利益受到严重损害。

案例

1989年，美国阿拉巴马大学的米尔顿·哈里斯（Milton Harris）博士和其他科研人员一起做出了一项涉及PEGylation的重大发明，该发明主要用于增强药物的释放，有广阔的市场应用前景。按照阿拉巴马大学的规定，雇员在该校资助的研究中做出的发明属于该校财产。因此，阿拉巴马大学获得了PEGylation发明的美国专利。

后来该校与哈里斯签署协议，许可他付费使用上述专利技术开发产品。1992年，哈里斯注册了Shearwater聚合物公司，开始把上述技术产业化。2000年，哈里斯离开了阿拉巴马大学。2001年，Inhale治疗系统公司收购了Shearwater聚合物公司。2003年，Inhale治疗系统公司更名为Nektar公司，并继续遵照哈里斯与阿拉巴马大学签署的协议支付专利使用费。

2005年5月，Nektar公司通知阿拉巴马大学单方面终止依据原协议所要支付的费用，于是阿拉巴马大学提起诉讼。在调查期间，阿拉巴马大学发现哈里斯在校期间继续就PEGylation技术获得了一些发明，并至少就其中28项申请了专利，但却未告知阿拉巴马大学。因此，2005年8月3日，阿拉巴马大学将哈里斯也列入了被告。之后，阿拉巴马大学与Nektar公司、哈里斯达成了协议，获得2 500万美元赔偿。

此外，研究机构、学术团体或科研人员参与广告活动也明显涉及利益冲突，如在一些商品的广告中或包装盒上出现"某某学会推荐""某某机构推荐"等字样，一些或真或假的专家在广告中推荐某种药物或疗法等。实际上，研究机构、学术团体等非营利组织和科研人员是否可以参与或进行类似的广告、推荐活动，仍然是一个值得商榷的问题，但是放在利益冲突的大框架之内分析，这种广告和推荐活动无疑具有利益冲突嫌疑。

七　国际合作中的利益冲突

20世纪60年代，美国科学学家普赖斯（Derek John de Solla Price）运用统计方法和计量工具描述科学发展的规模与速度，得出以往的小科学已经发展为当代的大科学的结论。

在大科学时代，科学研究国际合作成为一个重要主题。例如，国际热核反应堆计划、中欧伽利略合作计划等都是投资额大、研究周期长、参与人数多的著名国际合作计划。在国际合作中，不同国家的利益、公众利益和商业利益存在差异，甚至有时这类合作计划的发起本身就是基于一种利益的考量。国际合作中的利益冲突问题也日益引起人们的关注。

第三节　科学研究中利益冲突的管理

导致利益冲突的原因多样，既包括经济利益，也涵盖政治、宗教信仰、文化和伦理准则等非经济利益。若将利益冲突概念过度泛化，将信念和价值等因素也纳入其中，科学活动中将充满过多的冲突，使得人们难以识别真正威胁科学的利益冲突，同时也难以制定有效的治理政策。因此，在控制科学研究中利益冲突的政策和措施上，更合理的做法是将焦点放在经济利益和直接利益相关的人际关系范围内。

一　利益冲突的处理及其机制

社会利益与个人利益的矛盾是科学活动中不可忽视的问题。随着科学技术与社会经济的紧密关系加深，企业与科研机构的合作日益增多，科学活动与科研人员的个人利益愈发紧密地联系在一起。科研人员常常身兼数职，既是教师、管理人员，也可能是企业家等。多重社会角色使得他们需要平衡多种利益。这些利益并不是一直都一致，而是可能存在冲突。单方面强调某一利益可能会打击科研人员的积极性，阻碍科学进步，甚至滋生不诚信行为。因此，更为切实的做法是协调这些利益，及时识别和进行披露，从而有效控制利益冲突。

妥善处理利益冲突不仅可避免最坏的情况发生，而且相关措施还可能对当事人起到保护作用。例如，某先生为其女儿参加的篮球比赛担任裁判，可能因亲情而偏袒，导致不公平；他也可能因追求公正而过于苛罚女儿，同样不公平；即便他公正无私，判罚准确，公众仍可能因父女关系而质疑其公正性。这表明，仅凭个人品德难以确保行为结果的合理性，且处于利益冲突中的人既可能受益，也可能受害。在存在利益冲突的情境下，无论当事人如何判断，都可能陷入尴尬和难以自辩的境地，因为导致冲突的利益本身就是客观存在的。

必须高度重视并妥善处理科学研究活动中的利益冲突问题。在项目资助、奖励评价等方面，我国也一直重视对于利益冲突的管理，在各级各类项目资助、奖励奖项评审的相关文件中，一般都涉及利益冲突问题的规定。近年来，更加重视科学技术活动中可能涉及利益冲突的各个环节，如在《负责任研究行为规范指引（2023）》中有11处提到了利益冲突，其中，在成果署名环节，明确要求对于受资助的研究成果，应如实标注资助机构、项目名称和批准号。对于受多个机构资助产生的项目成果，原则上按对成果贡献的大小排序。不得标注与研究工作无关或虚假的项目。不得为了掩饰利益冲突而不披露资助来源、隐瞒真实作者信息或虚构署名。在科研成果发表评审环节，也需要遵守利益冲突相关规范要求，编辑不能隐瞒与投稿人的利益关系，或有意选择有潜在或实际利益关联、利益冲突的审稿人评审稿件。

二　同行评议中的利益冲突披露与回避

（1）披露

综观国外各大研究机构与基金组织，利益冲突披露已成为治理利益冲突最常用的有效手段。披露即要求同行评议专家根据评议委员会提出的利益冲突标准，主动告知可能存在的社会关系与经济关系中的利益冲突。这些标准因国家、机构及评审对象的不同而有所差异。由于可能涉及个人隐私，披露内容并非公开，评议委员会需严格保密，并根据具体情况为专家提供行为指导。若专家确认无利益冲突，应签署相应声明。此做法明确了责任，若日后查出存在利益冲突但专家未曾主动声明的情况，除了被认定为不端行为外，还将被指控"不诚实"。这一规则和方法已被美国国家科学基金会、美国国家海洋与大气管理局（National Oceanic and Atmospheric Administration，NOAA）、美国国家航空和航天局（National Aeronautics and Space Administration，NASA）、加拿大自然科学与工程研究理事会（Natural Sciences and Engineering Research Council of Canada，NSERC）等众多基金管理机构采纳。

在实践操作层面，为方便潜在利益冲突者快速准确判断自身情况，部分期刊编辑部设计了问卷式表格，让作者、评议者和编辑通过自评方式逐一核对自己是否存在潜在利益冲突。例如，《英国医学杂志》就推出了问答式问卷，涵盖十多个问题，如"近五年内您是否获得过演讲报酬？"等，以便填写者迅速确认是否存在利益冲突。此外，一些机构还组织案例式教学或定期讨论会，如美国国立卫生研究院（National Institutes of Health，NIH）便选取典型利益冲突案例，阐述其处理过程并展开讨论，以加深理解并提升应对能力。

（2）回避

回避机制，包括同行评议专家和被评议者的回避，是处理利益冲突的重要手段。当评议机构认为某专家的利益冲突可能影响其判断的公正性时，会要求其回避特定或同类项目的评审。被评议者若认为某些专家可能对其项目或论文有不公正评价，也可向评议机构提出回避要求。这种方法在《科学》《自然》等期刊中得以应用，但通常有回避名额限制，以防止出现找不到合适同行评议专家的情况。此举有助于在一定程度上有效规避利益冲突的负面影响，值得推广。在中国，国家科学基金和科技计划评估评审中也要求明显利益冲突者回避，如禁止专家评审自己的项目或在自己申报项目时担任评审专家。

然而，并非所有利益冲突均需回避，特别是那些对评议者判断影响甚微的关系。但披露所有可能的利益冲突至关重要。关于利益冲突对评议者影响的程度，通常由评议主持机构判断。国外通常采用两种方法处理：一是将利益冲突情形归入不同严重程度的类别，但实际操作中，其严重性并无固定标准，常依赖于道德委员会等成员的经验判断；二是借鉴英美法系的判例制度，委员会针对每宗利益冲突案件给出处理方法并归档，以便日后遇到类似问题时参照，确保处理的公正性和连贯性，如加拿大自然科学与工程研究理事会便拥有完备的判例数据库。

在承认科研人员多重社会利益关系的前提下，正确处理科研活动中的利益冲突，确保过程和结果的公平公正至关重要。为防范和控制科学研究中的利益冲突，需从两方面着手：一是加强科研道德和科研诚信教育，提升科研人员的诚信素质，使其在科研活动中坚守客观、公正原则；二是建立和完善利益冲突控制机制，既保障社会和公众的首要利益，又激发科研人员的工作积极性。

三　利益冲突政策引起的争议

利益冲突概念的推广及相关政策的制定与普及之路并非坦途。自这一概念融入科学管理政策以来，便持续受到各类批评与抵制。

一种常见的质疑声音是，利益冲突是否必然导致不公正或损害科学研究的客观性？因此，是否真的有必要对科学研究中的利益冲突进行严格管理？历史上的例子，如春秋时期晋国大夫祁奚的公正推荐，便展示了即使存在利益关系，也能做出公正决策的可能性。在学术界，同样存在许多品德高尚的学者，他们坚守公义，不会因私利而偏离正道。对他们而言，要求披露利益冲突或在相关学术活动中回避，可能被视为对他们品德的不信任，进而可能伤害他们的公益之心。

美国国立卫生研究院曾出台一项关于利益冲突的指导方针，明确要求接受其资助的研究机构保存披露利益冲突的资料三年以上，以便快速向联邦政府基金组织通报并解决潜在问题。该方针要求所有对研究计划有决策权的人员，必须全面披露经济利益和外部职业行为。然而，这一方针一经公布便遭到科学界的广泛批评。批评者认为，该方针过于严苛，限制了科学家获得正当报酬的权利，不利于产学研合作。同时，该方针对基础研究与临床试验未做明确区分，导致实施上的困扰。在强烈的批评声中，该方针仅实施了三个月便被迫废止。

由此可见，在利益冲突问题上，需要更加审慎地平衡各方利益，确保政策的科学性和合理性，以促进科研活动的健康发展。

案例

1998 年，斯特福克斯（H.T.Stelfox）等人对 1995 年 3 月到 1996 年 9 月之间用英文发表的 70 篇关于钙离子通道阻断剂（一种治疗心血管紊乱的新型药剂）的论文进行了统计分析，以检查作者对这种药剂的态度是否受制药公司经济资助的影响。结果发现，对钙离子通道阻断剂的安全性持肯定态度的作者中，有 96% 曾接受钙通道阻断剂生产商的赞助；而持中立态度者只有 60%，持否定态度的作者只有 37% 有这种赞助关系。而且，持肯定态度的作者也比持中立和否定态度的作者更有可能与其他制药公司发生经济上的联系，无论该公司生产什么产品。

为验证利益冲突是否真的对科学客观性产生了影响，一些学者对科学中的利益冲突进行了定量分析。1998 年，巴恩斯（D.E.Barnes）等人分析研究了 1980—1995 年发表的 106 篇有关被动吸烟是否有害的评论文章，结果有 37% 的文章认为被动吸烟无损健康，而其中，有 75% 的文章作者与烟草公司之间有从属关系，如作者是烟草公司附属机构或分公司的成员。与烟草公司有从属关系的作者发表的评论中，认为被动吸烟无害的占 94%；而没有从属关系的作者的评论中，认为被动吸烟无害的仅占 13%。研究还表明，评论文章的倾向性与文章的主题、发表时间、是否经过同行评议等因素关系不大，而与烟草公司的从属关系是产生倾向性的唯一因素。因此，为了保证客观性，评论文章的作者必须披露自己潜在的利益冲突；读者在对文章的结论做出判断时，也有必要考虑作者的从属关系。

大量事实证明，认为利益冲突不会对科学研究产生实质性影响的观点是站不住脚的。相反，利益冲突正在侵蚀着科学赖以成为科学的基石——客观性，并进而影响到科学和人类社会的方方面面。有关利益冲突的政策只存在是否妥当或是否完善的问题，而不存在是否应该制定的问题。但是，出台一个有效的利益冲突的管理政策也并非易事，需要不断地动态调整和持续完善。

◆◆ 延伸阅读文献

［1］中国科学院 . 科研活动道德规范读本［M］. 北京：科学出版社，2009.

［2］画说科研诚信编写组 . 画说科研诚信［M］. 北京：科学技术文献出版社，2018.

［3］麦克里那 . 科研诚信：负责任的科研行为教程与案例［M］.3 版 . 何鸣鸿，陈越，等，译 . 北京：高等教育出版社，2011.

◆◆ 思考题

1. 在同行评审方面，潜在的审稿人和作者之间长期的个人或专业分歧是产生利益冲突的基础吗？

2. 小赵在一所研究型大学攻读学位。她在孙教授的实验室里成功完成了一些令人振奋的研究工作。孙教授的项目有一部分受到 A 公司研究合同的支持。他和实验室成员开发出了新的快速准确的化验试剂，并设计了可以用于直接向公众销售的急救箱。A 公司正在考虑开发和推广这种急救箱，但还没有做出明确的决定。另一家企业 B 公司为小赵提供了公司一个新部门的职位，要她用在孙教授实验室所学习和协助发展的技术来开发急救箱。讨论一下，如果小赵接受了 B 企业提供的职位，她可能造成什么冲突？如果小赵在求学期间是由 A 公司资助的或者不是由 B 公司资助的，那么情况会有何种改变？

第八章
科学研究中的伦理规范

　　科学技术正在以前所未有的速度和方式改变着社会，与此同时，伴生的生命健康安全、隐私保护、国家安全、生态安全等伦理、法律和社会问题，日益引起人们的关注。科学技术的发展离不开科学研究。科学研究主要是通过恰当合理的设计和规划，使用科学有效的方法，开展系统性的调查研究，收集、整理、分析相关数据，并得出研究结果，最终获得可普遍化的新知识。科学研究获得的新知识通过转化和应用，进一步推动科学技术的新发展。正是在这个过程中，科学技术不断发展，对人与人、人与社会、人与自然之间的关系造成深刻影响。

第一节　敏感领域的代表性科技伦理问题概述

　　社会的进步离不开科学技术的推动。负责任地开展科学技术研究，并将研究获取的新知识用于服务人类的生产生活，是保障科学技术服务人类、推动社会发展的根本前提。这意味着，人类或者说相关领域的科学家是推动科学技术发展的主力军，而科学技术发展的目的正是确保人类更好地生活。科学技术服务于人的特点，决定了科学技术本身不能给人造成伤害，同样，科学技术的应用也不能伤害人或社会，这是我们关注科技伦理问题的底线和起点。进入 21 世纪以来，科学技术飞速发展，前沿探索中的伦理问题也不断涌现，医学、生命科学和人工智能等领域更是伦理问题突出的敏感领域。

一　医学领域科技伦理问题

和生命科学和人工智能领域相比，医学具有比较悠久的发展历史。医学领域的科技伦理问题讨论较多，伦理审查制度也相对完善，可以给其他领域很多有益借鉴。

医学从神学、巫术中分离出来，逐步形成自己的学科，并发展成一门科学，经历了比较漫长的历史过程。自医学科学系统发展以来，医学科技的进步不仅依赖基础学科的发展，更需要对已有标准治疗手段和方式进行不断改进。医学科学研究是推动医学发展必要的组成部分。然而，当研究涉及使用实验动物和人类研究参与者（受试者）时，便会引发较多的伦理问题。当然，对使用实验动物和人类研究参与者开展研究存在伦理问题的认识，尤其是涉及人类研究参与者的医学研究的伦理问题，经历了一个漫长的历程，其中不乏很多极不人道的惨痛教训。

19 世纪以来，临床医学对人体研究的需求迅速增长，在细菌学、免疫学、生理学等领域进行了大量的人体研究。当时，这些研究的受试者来源主要是医院的患者，医生以科学和医学进步的名义开展试验，而且往往不会单独向病人说明。在这些操作中，病人误以为自己是在接受医生的治疗，但实际上，很可能是医生在开展研究（无法达到治疗应有的效果）。后来，随着一些患者受试者在研究过程中受到伤害，这一问题逐步引起公众关注，人们开始意识到，有必要关注医学人体研究的伦理问题。

第二次世界大战期间，纳粹医生和医学家在集中营进行了大量非常不人道的试验。1945 年，欧洲国际军事法庭在德国纽伦堡对纳粹德国的首要战犯进行了审判，史称"纽伦堡审判"。其中，战争期间开展的残忍的医学试验成为人们关注的焦点之一。1947 年《纽伦堡法典》正式颁布，首次对开展医学人体试验提出了十条伦理原则。

《纽伦堡法典》提出了以下十条伦理原则：

第一，受试者的自愿同意是绝对必要的。这意味着所涉及的受试者必须具有能够给出同意的法定（行为）能力；应该能够在没有任何外力、欺诈、欺骗、胁迫、诈骗或其他任何形式的限制或强迫等因素干扰的情境下自由行使自主选择权；应该对受试者相关要素具有足够的知识和了解，以便其能在充分理解的前提下做出明智的决定。后者要求在受试者做出明确的决定之前，必须充分告知其试验的性质、周期以及目的，试验方法，所有合理预期的不便与风险，以及参与试验对其健康和个人可能带来的各种影响。所有参与发起、指导或者实施试验的个人都负有确保知情同意质量的职责和义务。这是不能豁免或委托他人的个人职责和义务。

第二，试验应当能够产生对社会有益的结果，且不能通过其他的研究方法得以实施，同时就其性质而言不是随机或不必要的。

第三，试验的设计必须基于前期动物实验的结果以及疾病史或者其他正在研究的预期结果能够对其结果进行辩护的相关问题的知识。

第四，试验的实施应该尽可能地避免所有不必要的生理或心理的痛苦和伤害。

第五，一旦有先验理由相信死亡或残疾性的伤害将要发生，这样的试验就不应该进行，除非参与研究的医生自己愿意作为研究受试者。

第六，试验所承担的风险不能超过研究问题本身的重要性。

第七，应该有充分的试验准备和设备供给以避免受试者遭受不必要的伤害、残疾或死亡。

第八，只有具备相关资质的科研人员才能进行试验。那些实施或参与试验的人员在整个研究过程中都必须要满足最高的技能和护理要求。

第九，在试验过程中，如果受试者的生理或心理状态使得其不能继续参与研究，那么受试者享有终止参与的自由。

第十，在试验进程中，作为主要研究者，一旦有合理的理由，并基于良好的意愿、专业技能以及仔细的判断认为继续试验将会导致受试者遭受伤害、残疾或死亡时，就必须做好随时终止研究的准备。

这些涉及医学人体研究的伦理原则的提出，使得《纽伦堡法典》在国际上引起了强烈反响。从积极方面来讲，《纽伦堡法典》标志着人们开始正式关注和反思人体受试者保护的伦理问题，因此，至今很多人仍然认为《纽伦堡法典》是国际上涉及人体受试者保护最早的伦理文件之一。然而，也有不同的声音质疑《纽伦堡法典》的适用性。这些观点认为，纳粹的暴行和残忍行为过于特殊，在常规情境下，医生作为文明社会受过高等教育的专业人员，不可能做出如此残忍的事情。同时，在集中营开展的人体试验，属于极端环境中的特殊案例，是个例。在当时的美国科学界，科学家认为，医学伦理历史悠久，医学行业自希波克拉底誓言以来就有着"不伤害"的传统，医生有着来自行业的专业伦理规范。此外，《纽伦堡法典》提出的"受试者自愿知情同意"的绝对要求很明显不适用于儿童和其他不具有行为能力的个体。基于这些理由，当时一种普遍的情绪质疑《纽伦堡法典》的适用范围，尤其是对于那些受过高等教育、具备良好医学职业道德的医生来说。

然而，1966 年《新英格兰医学杂志》发表了哈佛大学医学院麻醉学教授亨利·比彻尔（Henry K.Beecher）教授的一篇文章《伦理与临床研究》（*Ethics and Clinical Research*）。比彻尔从 20 世纪 50 年代就开始关注人体试验的伦理问题。在这篇文章中，他仔细考察了发表在权威医学杂志上的 50 项涉及人体受试者的研究，发现在顶级的医学院、大学医院、私立医院，陆军、海军和空军政府军事部门，国立卫生研究院等政府机构，退伍军人医院以及药厂所进行的研究中都普遍存在不道德行为。这些不道德行为涉及并包括缺乏知情同意，进行① 不治疗或使用安慰剂代替有效治疗，② 治疗性研究，③ 生理研究，④ 单纯以获取疾病知识为目的的研究，⑤ 技术探索研究，⑥ 基于好奇的创新研究等，增加了受试者不必要的风险。比彻尔强调，必须及时纠正类似的不道德行为，否则势必会危害医学科学本身。此外，比彻尔提出，受试者的知情同意和负责任的研究者是开展人体研究时最重要的两个伦理要求。比彻尔将人体试验面临的伦理问题展示在公众和科研人员面前，警示人们彼时不道德的研究行为在科学研究中普遍存在。

如果说《新英格兰医学杂志》发表的文章让科学家群体开始关注人体研究的伦理问题，那么，塔斯基吉梅毒研究则是让社会和公众开始关注人体研究的伦理问题的一个关键事件。

1972 年，美联社记者吉恩·海勒率先曝光了塔斯基吉梅毒研究，之后《华盛顿明星报》《纽约时报》等相继报道。塔斯基吉梅毒研究始于 1932 年，由美国公共卫生服务部（United States Public Health Service）资助。最初，该研究期望通过观察患者的症状了解梅毒的自然发展进程。研究者在美国亚拉巴马（Alabama）地区梅肯县（Macon County）招募了四百多名梅毒患者以及另外两百多名没有感染症状的受试者作为对照。在最初的设计中，这只是一个短期研究，但是在开始实施一年后，这个研究被无限期延长，研究者希望对受试者进行长期的跟踪研究直至其去世，并计划对那些因梅毒去世的受试者进行尸检。在这项研究中，研究者为招募进入研究的受试者提供免费的医疗检查，但所谓的"免费治疗"仅仅是像腰椎穿刺之类的诊疗手段（因为在当时并没有任何有效的治疗药物）。研究者没有向受试者公开其感染梅毒的实情，而是告诉他们患有"坏血"症，也没有告诉受试者他们参与了一项研究，且他们不会从这项研究中获益，更没有获得受试者的知情同意。因此，这些受试者一直以为他们是在接受医学治疗。此外，尽管在塔斯基吉研究刚开始的一段时间内，即1936年之前，尚不存在治疗梅毒的有效手段，但在1943年以后，研究表明盘尼西林可以有效治疗梅毒，研究者不但没有告诉受试者这一新进展，还阻挠研究中的受试者接受治疗，从而达到他们继续观察梅毒发展进程的目的。直到1969年，美国公共卫生服务部的一个专家组审查该研究时还得出结论认为这项研究应当继续，理由在于，疾病是自然发生，且这种状况无法避免。当时的专家组认为该研究可以得到辩护，而且此项研究将为未来的病患带来巨大的获益。

　　1972年被媒体曝光时，研究已经持续开展了40年。在纳入研究的近400名患者中有28人死于梅毒，100人死于梅毒相关的疾病；还有40名妇女感染梅毒，19名儿童在出生时携带梅毒。事件一经曝光，便在社会上引起了强烈反响。为了回应公众质疑，美国卫生、教育与福利部任命"塔斯基吉梅毒研究特设委员会"专门针对塔斯基吉研究以及关于受试者保护的政策和程序等进行审查。之后，该委员会宣称：塔斯基吉梅毒研究是不道德的，应当马上终止，且要为尚在研究中的受试者提供必要的医疗救助。委员会进一步审查发现，美国卫生、教育与福利部以及政府其他部门都没有充分的受试者保护政策和监管措施。于是，委员会建议国会成立一个机构或实体至少对联邦资助的涉及人的研究进行监管。基于委员会的建议，1973年，马萨诸塞州参议员爱德华·肯尼迪（Edward Kennedy）主持召开了针对研究中涉及的受试者问题的国会听证会。听证会形成共识，认为联邦政府应当对涉及人的生物医学以及社会科学研究进行监管以保护受试者的权益和福利。1974年，美国国会通过《国家研究法案》（*National Research Act*），并依照法案规定成立了"国家生物医学以及行为研究受试者保护委员会"。同时，美国卫生与公众服务部颁布规定，要求接受联邦资助的研究机构成立一个独立委员会对提交给卫生与公众服务部申请资助的研究方案进行事先审查，并规定，委员会将侧重对方案的安全性以及知情同意的充分有效性进行审查。这成为最早的伦理审查制度雏形。

　　通过前面内容的介绍，我们了解了医学领域关注人类受试者保护相关伦理问题的历史起源和重要事件。自《纽伦堡法典》颁布七十多年以来，医学科技领域快速发展给医学科技伦理提出了新要求。尤其是可能涉及高风险的新技术，如辅助生殖、克隆技术、基因编辑、医疗大数据、医学人工智能等新兴医学科技的迅猛发展，使得人类在治疗和预防疾病方面，拥有了更强的能力和更多的技术手段。但是，人们也越来越多地认识到，如果这些科学技术被滥用或不负责任地使用，将可能造成灾难性的后果，影响难以估计。

案例

2018年11月，深圳某高校教师贺某某在第二届国际人类基因组编辑峰会召开前一天宣布，一对名为露露和娜娜的基因编辑婴儿已于11月在中国诞生，这对双胞胎的一个基因经过修改，使她们出生后即能天然抵抗艾滋病。

但是显然，人们对于贺某某团队的这一"历史性突破"犹有疑问。利用CRISPR技术修改人类的正常胚胎的基因，无论其目的为何，从伦理上来讲都是全球科学界明令禁止的。我国对此也有相关的规范性要求，如《人胚胎干细胞研究伦理指导原则》（2003）第六条明确规定，不得将"体外受精、体细胞核移植、单性复制技术或遗传修饰的囊胚""植入人或任何其他动物的生殖系统"。

一般基因治疗的方法是改变CCR5的表达，其作用对象是艾滋病感染者的体细胞，不针对遗传细胞进行操作，正常情况下不会造成这一改变的可遗传性。而CRISPR技术修改CCR5基因是具有遗传性的。CRISPR技术虽然比较高效，但是存在脱靶的风险，即修改了本不应该修改的基因，也会产生变异，然而这些"错误"是否可以通过基因测序的方法完全避免是不得而知的。即便挑选的"正确"胚胎发育成熟，可以抵抗的HIV-1病毒也是众多HIV病毒中的一种，而且随着HIV病毒变异、感染机制的改变，预防所有HIV感染是根本不可能的。由于CCR5与免疫系统整体相关，所以并不知道当她们未来抵御其他疾病风险的能力以及对她们其他生理和心理的影响。

最重要的一点是，这个项目的出发点并不是以个体的利益为考量，HIV感染父亲可以对精液进行清洗，用"试管婴儿"的手段就完全可以与未感染的母亲在现有的条件下生产一个健康的孩子，倘若母亲是HIV感染者，也有一系列的阻断方法，从基因上加以干涉不是必要的。

上述基因编辑婴儿案例生动地说明了当前医学科技活动迫切需要科技伦理的规

范和指引，明确医学科技活动的边界，确保医学科技的研发和应用始终致力于服务人类健康，增进人类福祉。一线医学科技人员是科技活动的设计者和实施者，是确保负责任地开展科技活动的直接责任主体。医学科技人员需要通过持续不断地学习科技伦理知识，增强科技伦理意识，自我约束，确保坚守科技伦理底线，做到"有所为""有所不为""为所当为"。开展医学科技活动，需要遵循科技伦理原则，严格区分"（技术上）能做什么"和"（伦理上）应该做什么"，避免因技术滥用、谬用对人类造成危害，这既是医学科技伦理需要解决的重要议题，也是医学科技伦理必须坚守的底线。

在意识到新时代医学科技伦理问题的同时，我们应该看到，医学科技伦理的内涵是动态发展和与时俱进的。医学科技伦理的时代内涵可以主要概括为三个方面：① 医生是医学科技活动的实施者，也是医学科技伦理最直接的践行者。我国自古以来就有"大医精诚"的历史传统和文化传承，传统医学道德随着医学科技发展历久弥新，从医生个人的医德（virtue）逐步发展，形成了一套医学职业伦理准则（ethical code）以及更加现代化的医学专业精神（medical professionalism）。时至今日，从医生个体医德到医学专业精神，医学科技伦理的这一内涵为医学科技工作者（科研人员）的行为准则提供了必要的伦理支撑。② 医学科技伦理有着强烈的现实关怀，伴随着医学科技的发展不断拓展进化，并始终致力于规范医学科技的发展和应用。临床伦理（clinical ethics）致力于规范医学科技的临床诊疗活动及该活动中可能面临的伦理问题；医学科研伦理（research ethics）旨在确保科技人员严格遵循政策法规要求开展负责任的医学科学研究，保护研究受试者和实验动物福利；生命伦理（bioethics）、公共卫生伦理（public health）、全球卫生伦理（global health）则是在更广阔的健康（health）领域，关注医学科技发展和应用可能带来的伦理、社会和法律问题。③ 回归医学科技伦理本身，无论其主要关切和具体内涵是什么，与时俱进是其最本质的特征。医学科技伦理不可能脱离医学科技活动，医学科技活动也无法与医学科技伦理割裂。在这个意义上，医学科技活动与医学科技伦理应协同发展，相互促进。

二 生命科学领域前沿科技伦理问题

生命科学是研究生命本质及运行规律的自然科学，与人类健康息息相关，是21

世纪发展最为迅速的学科领域之一。2005年,《科学》杂志发布了125个最重要的前沿科学问题,其中涉及生命科学的问题占46%。生命科学领域的新成果、新技术不断涌现,极大地推动了人类社会进步,但同时也给农业、医疗、健康等领域带来了革命性影响,使人类赖以生存的环境和价值观念面临严峻挑战。

近年来,生命科学领域突破性技术快速发展。1998年首次成功分离并体外培养了人类胚胎干细胞,2010年首个"人工合成生命细胞"诞生,2015年CRISPR基因编辑技术首次应用于人类胚胎编辑,2021年异种器官移植等,这些突破性技术引发了人们对相关伦理和社会问题的广泛关注,也推动或促进了全球各国的伦理治理体系建设,包括出台和优化相关法律法规,完善相关伦理审查体系等。然而,总体而言,生命科学领域相关的伦理研究、伦理规制仍然存在一定的滞后性,远远赶不上科学研究和技术开发的快速发展。

生命科学领域的科技伦理更广泛地关注涉及生命的伦理问题,不仅是人类生命,也涉及动物和植物生命以及生态,生命起源、生命价值、生命权利等方面的伦理问题,如生物技术、遗传工程、环境伦理学和动物伦理学等。这里,我们仅以合成生物学为例,对其相关的科技伦理问题做简要介绍。

合成生物学诞生于21世纪初,被誉为"第三次生物科学革命",是随人类基因组计划启动,在大量生物DNA序列的解读,转录组、蛋白质组、代谢组等组学技术产生和发展后催生的一系列交叉学科的基础上诞生的一种新兴技术。合成生物学研究融合生物、工程、物理、化学、计算机等学科,利用天然或人工生物学元器件对生物体进行有目标的设计、改造乃至重新合成,从而获得重构或非天然的新生命系统,包括新型人工生物元器件设计构建、人工基因组设计构建、人工单细胞和多细胞系统构建,驱动生物技术从认识生命进入设计生命乃至创造生命。合成生物学为传统产业带来了颠覆性变革,并带动着生物经济的快速发展,但也带来了一系列伦理问题。

首先,合成生物学在概念上面临着制造生命有机体的正当性伦理问题。2010年5月20日,美国科学家克莱格·文特尔(Craig Ventor)在《科学》杂志发表的论文宣布团队制造出了世界上第一个自我复制的合成细菌细胞(synthia)。它是人类科学史上一个革命性的成果,为今后人造微生物的应用研究奠定了基础。但文章发表后就引起了科学界的争论:这些科学家是"创造"了一个合成细胞吗?学者也对此问题进行论证,目前对于生命的概念尚不清晰,合成生物学家的工作目前停留在合成基因组和修改细菌和细胞阶段，离社会和文化的生活尚有一段距离。其次，实质性伦理问题方面，合成生物学可能带来的风险和受益是什么？如何评价其风险受益比？在研究和应用中如何做到尊重人的自主性、人的尊严、人的内在价值以及维护社会公正？

合成生物学能推进生物学基本知识，有助于理解生命；它可创造新的能源、可生物降解的新材料、高效地制造药物和疫苗，有助于解决粮食、营养、能源、防病治病问题，给个人和社会带来巨大受益，但也可能对社会和人类带来伤害或风险。首先是生物安全（biosafety）问题，合成生物产品可能存在危害人的健康和环境的风险，如合成病毒或细菌的致病性，相关产品可能会严重伤害某些种类的动物或植物，破坏食物链、扰乱生态平衡，合成微生物与环境或其他有机体可能产生始料不及的相互作用，从而对环境和公共卫生造成风险。其次是生物安保（biosecurity）问题，主要是指合成致死的或有毒的病原体进行恐怖主义袭击等恶意使用所带来的危及个人、社会和国家安全的问题。最后是与尊重人有关的伦理问题，包括① 当使用人对合成生物学产品研究或将其商品带入市场时，如何确保研究参与者和利益相关者充分了解研究的目的、风险和潜在影响，并获得他们的知情同意，尊重消费者自主选择权以及保护他们的隐私等。② 合成生物学产品的公平可及性，它们不但应该是安全、有效和优质的，而且能够为老百姓可及和可得，而不仅仅是有钱人的特权，维护社会公正和安定。③ 对于合成生物学的研究成果和应用，如何平衡知识产权保护和公共利益，以促进科学研究和技术创新的发展，是一个重要的伦理问题。此外，就是与其他新兴技术一样具有的不确定性问题，即非预期的不良后果的可能性或概率，尤其是其累计效应的难以预测性，不受控制地使用是不确定的另一层面，技术的双重用途也会加剧这方面的问题。

三　人工智能领域的科技伦理问题

1956 年，美国科学家明斯基（Minsky）、西蒙（Simon）、麦卡锡（Mccarthy）等人工智能领域的先驱参加了在达特茅斯召开的夏季研讨会，这次会议首次提出了"人工智能"（artificial intelligence，AI）这一概念，标志着人工智能学科的诞生。人工智能是研究开发能够模拟、延伸和扩展人类智能的理论、方法、技术及应用系统的一门新的技术科学。人工智能研究的目的是促使智能机器会听（语音识别、机器翻译等）、会看（图像识别、文字识别等）、会说（语音合成、人机对话等）、会思考（人机对弈、定理证明等）、会学习（机器学习、知识表示等）、会行动（机器人、自动驾驶汽车等）。人工智能技术分为弱人工智能技术（artificial narrow intelligence）、强人工智能技术（artificial general intelligence）和超人工智能技术（artificial super intelligence）。

2019 年，谭铁牛院士在《人工智能的历史、现状和未来》中将人工智能的发展划分为六个阶段，分别是起步发展期（1956 年—20 世纪 60 年代初）、反思发展期（20 世纪 60 年代—70 年代初）、应用发展期（20 世纪 70 年代初—80 年代中）、低迷发展期（20 世纪 80 年代中—90 年代中）、稳步发展期（20 世纪 90 年代中—2010年）以及蓬勃发展期（2011 年至今）。近年来，随着大数据、云计算、互联网、物联网等信息技术快速发展，泛在感知数据和图形处理器等计算平台推动以深度神经网络为代表的人工智能技术飞跃式发展，图像分类、语音识别、知识问答、人机对弈、无人驾驶等人工智能技术实现了爆发式增长。

人工智能技术迅猛发展，无人驾驶、指纹识别、人脸识别、智能机器人、远程医疗等技术已在我们的现实生活中逐步应用。这些发展，一方面为推动经济发展和社会进步带来了重要机遇，另一方面也给伦理规范和法治建设带来了深刻挑战。人工智能改变了人类的生活，人工智能产品的应用能够把人们从繁重的劳动当中解放出来，改变社会结构，推动社会转型升级，提高效率。人工智能也在改变人类的思维方式，推进传统的因果式思维模式向相关性思维方式转变。但是，人工智能可能取代特定领域某些人的工作，导致该领域失业率增加，可能会进一步拉大社会的贫富差距，导致贫富两极分化更加严重。此外，人工智能技术使得隐私保护受到前所未有的挑战，如果相关信息被滥用，可能导致个人的生命安全、财产安全、信息安全受到威胁和挑战。

罗莎琳德·皮卡德（Rosalind Picard）曾指出，机器的自由化程度越高，就越需要道德标准。相应地，人工智能发展带来的伦理问题迫切需要进行研究和治理。目前，人工智能面临的伦理问题可以大致概括为以下几个方面。

① 安全性问题。人工智能的安全性问题主要是指人工智能技术在应用过程中可能出现的危及人类安全、破坏环境等问题。例如，2018 年 3 月，美国亚利桑那州一辆自动驾驶模式的自动驾驶汽车在进行路况测试时，发生交通事故，导致一位过路的行人死亡。此次交通事故成为全球第一起自动驾驶致死案例，使得人工智能的安

全性问题引起社会广泛关注。

② 隐私问题。人工智能的隐私问题主要指人工智能技术在应用过程中出现的个人信息或大量数据泄露问题。隐私和个人信息保护是当前全球范围内的热点。人工智能技术研发需要大量数据，利用大量数据训练算法才能提高人工智能解决问题的能力。大数据算法研发本身是便于数据管理和存储，但是应用过程中可能会出现数据泄露的风险。例如，人脸识别技术，初衷可能是解锁及刷脸支付等私密和快捷体验，但如果隐私和数据安全保护不到位，被恶意滥用将导致不可预期的后果。

③ 负面影响等后果问题，主要是指人工智能技术在研发初期、应用过程中以及应用之后可能会带来一些负面影响或具有争议的复杂后果。随着人工智能机器人、人工智能金融、医疗人工智能等技术的快速发展，人工智能技术一方面对人类的主体地位带来威胁，另一方面也带来技术层面的伦理责任问题，例如，基因技术或生物工程技术如果导致基因重组，对环境造成破坏，相应的责任应当由谁来承担；医疗手术机器人如果出现医疗事故，责任如何认定。

基于上述问题，可以看到，人工智能引发了的新的价值冲突和伦理困境，涉及责任伦理、风险伦理等方面。人工智能的责任问题是现代社会必须直面的重要议题，我们要做好准备，应对由人工智能引发的事故或设计、操作失误后的追责问题，尤其是责任主体的界定、主体责任的范畴界定等。人工智能的设计者、用户、监督方、维护方等利益相关各方的责任以及人工智能企业的伦理责任等都应进行深入研究。在风险伦理方面，人工智能产品的风险应运而生，主要包括技术的不确定性和人类认知的局限性带来的风险。但由于人工智能技术的不确定性，人工智能技术后果难以量化、难以评估。同时，由于人类认知能力本身的局限性，我们可能很难准确地评估和预测人工智能发展可能带来的风险以及风险发生的概率。需要强调的是，随着全球化的发展，人工智能风险所带来的影响已经不再局限于某个特定的时刻或特定领域，而是具有了较强的时间延续性和空间广延性。

第二节　科技伦理相关原则概述

医学、生命科学和人工智能领域的科技伦理问题不止存在于研发和应用环节，在不同的环节、不同的场景中都可能会涉及不同的伦理、社会和法律问题。那么，该如何应对这些伦理问题？目前对此还没有一个完美的答案，但在实践中，一种可行的路径是明确相应的伦理原则，并依靠这些伦理原则指导实践。

一 科技伦理原则

面对科学技术领域纷繁复杂的伦理问题，不同的国家、地区、国际组织以及专业机构都制定了相应的科技伦理原则。科技伦理原则的制定，不仅需要相关科学技术专业领域，伦理学界、法学界等专家学者的合作研究和充分论证，还需要广泛的公众参与。2022年，中共中央办公厅、国务院办公厅印发《关于加强科技伦理治理的意见》，明确了我国的科技伦理原则，即增进人类福祉、尊重生命权利、坚持公平公正、合理控制风险和保持公开透明。

第一，增进人类福祉原则是对科学技术活动提出的基本伦理底线要求。科学技术的定位是服务人类的生产生活，推动科学技术发展的目的是希望新的知识和技术能够让人类生活得更好。因此，科学技术活动需要始终贯彻以人为本，以人为中心。科学技术研发和应用要以增进人类福祉为目的，致力于促进社会经济发展，推动社会进步，改善民生和保护生态环境。在这一原则指导下，科学技术的发展与人和社会的发展应该是和谐的，科学技术不应该对人类的生存、生活造成威胁。

第二，科学技术的发展要尊重生命权利。科学技术的研发和应用活动很有可能存在风险，但应最大限度地避免对人、动物、社会和环境造成伤害。例如，开展涉及实验动物的科学研究，可能会影响实验动物福利，因此，要在符合"减少、替代、优化"等要求的前提下使用实验动物。开展涉及人类研究参与者的科学研究，要从研究设计阶段开始，尽可能全面地识别研究可能对人造成的生理风险、心理风险、隐私风险等，并采取恰当的风险控制措施，提供必要的资源，确保研究参与者的生命安全、身心健康，尊重他们的人格尊严和个人隐私。

第三，坚持公平公正是科学技术活动研发和应用必须遵循的核心伦理原则。科学技术活动应尊重不同个体和群体的宗教信仰、文化传统，营造开放、包容的社会氛围。科学技术活动的研发应具有包容性，充分考虑不同对象和群体的需求，公平对待所有潜在的利益相关方。科学技术活动的应用应尽可能确保公平，避免可能的歧视、偏见，避免加剧不平等。

第四，科学技术的研发和应用应合理控制风险。科学技术研发存在不确定性，不确定性伴随着各种可能的风险。因此，及时、全面地识别可能的风险，制定相应的风险控制措施，是保护实验动物福利和人类研究参与者安全和权益的关键。此外，科技活动需要客观评估和审慎对待不确定性和技术应用的风险，需要通过恰当的风险控制，规避、防范可能引发的风险。同时，科技成果可能被误用、滥用，对此，要做好规划，积极采取措施，避免危及社会安全、公共安全、生物安全和生态安全。

第五，科学技术活动应保持公开透明。科学技术的健康良性发展离不开利益相关各方的积极参与，不仅科研工作者，社会公众也需要积极参与。一方面，科学技术活动公开透明是保障公众知情权的必要前提，应建立涉及重大、敏感伦理问题的科技活动披露机制。另一方面，公众作为科学技术活动的用户和普惠对象，也应积极发出声音，为科学技术发展作出贡献。

上述五个科技伦理原则具有一定的普遍性。在医学、生命科学、人工智能等领域，还应有更加具有针对性、更加具体的伦理原则。

二 医学科学研究伦理原则

在医学领域，国际上已经形成了一系列公认的科学研究伦理准则，其中最具代表性的包括《赫尔辛基宣言》《贝尔蒙报告》《涉及人的健康相关研究国际伦理准则》。

（1）《赫尔辛基宣言》

1964年，世界医学会（World Medical Association）在芬兰赫尔辛基通过并发布了《涉及人类受试者的医学研究的伦理原则》（简称《赫尔辛基宣言》，以下简称《宣言》）。《宣言》是对涉及人的医学研究伦理原则的一项声明。在当前最新版本（2013年版）中，《宣言》共有37款，包括序言，一般原则，风险、负担和受益，脆弱群体和个体，科学要求和研究方案，研究伦理委员会，隐私和保密，知情同意，安慰剂的使用，试验后的规定，研究注册、出版和结果传播以及临床实践中未经证明的干预措施等内容。

虽然《宣言》主要是对医生提出伦理要求，但世界医学会鼓励所有参与涉及人的研究的人员都应遵循这些伦理原则。《宣言》强调，在医学领域，开展涉及人的研究的根本目的应当是了解疾病的起因、发展和影响，并改进预防、诊断和治疗干预措施（方法、操作程序和治疗）。即使是当前的标准化治疗方案，也必须持续地对其安全性、有效性、效能、可及性和质量进行评估。开展此类医学研究，必须要遵循受试者保护相关伦理标准。《宣言》强调，尽管医学研究的根本目的是产生新的知识，但这一目的永远不能超越个体研究受试者的权益。这是所有开展涉及人的研究的研究者必须牢记的共识。

保护受试者是研究者的责任和义务。研究者必须保护受试者的生命、健康、尊严、健全、自我决定权、隐私和个人信息安全。研究者履行这些责任，不仅要熟知相关伦理原则，还必须遵循所在国家和地区的法律法规要求。研究者必须接受恰当的伦理培训和专业培训，具备开展涉及人的研究所需要的资质。计划或开展涉及人的研究时，研究者需要选择合适的受试者。涉及患者作为受试者的，只有当特定研究潜在的预防、诊断或治疗被证明有价值，而且医生研究者有正当的理由相信患者作为受试者参加研究对其健康不会造成不良影响时，医生才可以使其患者参与到研究中，将医学研究与医疗照护结合起来。同时，应使那些在医学研究中缺乏代表性的人群有适当的机会参加研究。如果受试者因参与研究受到伤害，研究团队有责任进行补偿和治疗。

《宣言》关注的重点是知情同意。宣言强调，凡是有知情同意能力的受试者，其参加人体研究的决定必须由当事人自愿做出。研究人员必须充分告知潜在的受试者研究目的、研究方法、资金来源、研究可能涉及的利益冲突、研究可能的风险和受益以及受试者享有的权利，包括自愿参加研究、随时退出等。对于涉及患者临床诊疗的医学研究，研究人员必须明确告知与研究相关（但不属于患者临床常规诊疗）的程序和措施。如果研究涉及使用受试者的生物样本或数据，相关样本和数据的采集、存储和使用必须获得受试者的知情同意。除了必须告知的信息内容之外，研究人员还应特别关注知情同意信息的传递和交流方式，确保受试者理解这些信息，以确保受试者做出真正自愿的决定。

《宣言》特别强调，对于所有医学研究的受试者，应确保其享有知晓研究一般性结果和发现的权利，并让受试者有机会表达其是否需要被告知研究结果的意愿。为了避免受试者受到不必要的胁迫和影响，应由一个完全独立于特定（依赖性）医患关系且具备相关资质的人员来获取知情同意。当研究可能涉及不具备知情同意能力的受试者时，研究必须首先满足一定的条件，确保纳入这些潜在的弱势受试者是合理的，同时，必须获得其法定代理人的知情同意。在研究过程中，如果受试者恢复或具备了知情同意的能力，应在法定代理人知情同意的基础上，重新获得受试者本人的知情同意。在少数情况下，可能涉及知情同意的变更或豁免，但需要满足特定的条件，且经过伦理审查委员会批准。

2013 年版本《宣言》关注的又一重点议题，是在涉及人的研究中使用安慰剂，尤其是安慰剂空白对照。《宣言》主张，原则上，一种新的干预措施的益处、风险、负担和有效性，必须与被证明的最佳干预措施进行比较试验，以下情况除外：在不存在被证明有效的干预措施的情况下，使用安慰剂或不予干预是可以被接受的；出于令人信服的以及从科学角度看合理的方法学上的理由，使用任何弱于已被证明的最佳有效的干预措施、安慰剂或是不予干预，是确定一种干预措施的有效性或安全性所必需的，而且使用任何弱于已被证明的最佳有效的干预措施、安慰剂或不予干预不会使患者由于未接受已被证明的最佳干预措施而遭受额外的严重风险或不可逆的伤害。《宣言》为例外情形保留了一定空间，但也强调必须极其谨慎，避免安慰剂被滥用。

（2）《贝尔蒙报告》三大伦理原则

1979 年，美国国家生物医学以及行为研究受试者保护委员会发布报告《受试者保护的伦理原则及指南》，即《贝尔蒙报告》，首次提出了尊重、有利和公正三大基本伦理原则。

尊重原则要求将每个人都作为具有自主性的个体对待，对于那些不具有自主性或完全行为能力的人要提供额外保护。因此，尊重原则主要提出两个道德要求，一是意识到个体具有的自主性，二是为不具有自主能力的人提供保护。自希波克拉底传统以来，"不伤害"深深根植于医学伦理的传统之中。《贝尔蒙报告》则在一种广泛的意义上对"有利原则"进行定义，即在不伤害的同时尽量最大化受益和最小化风险。对于正义和公正问题，主要涉及获益的分配以及风险的负担。自苏格拉底以来，正义问题便一直与社会实践密不可分。在涉及受试者保护的具体语境中，正义问题则主要涉及受试者的公平选择以及对研究可能获益的公平分配。相应地，在应用层面，《贝尔蒙报告》三大原则分别对涉及人的研究的实施提出要求，即知情同意、风险/获益评估以及受试者选择，从而构成了美国，乃至后来全球层面，受试者保护制度的基本伦理框架。

尊重原则要求在受试者具备自主能力的前提下，应当为其提供可以进行选择的机会。知情同意及其信息（information）、理解（comprehension）与自愿（voluntariness）三大要素的满足则是确保受试者享有自主决策机会的前提。一般来讲，知情同意信息包括研究步骤、目的、风险与受益、可替代操作、随时问询以及退出研究的权利告知，等等。在获取充分信息并理解的基础上，受试者做出自愿参与的决定才能构成真正有效的知情同意。"自愿"意味着免于外部胁迫和不当诱惑的影响。当研究可能涉及弱势群体时，尤其需要注意这些问题，并为弱势人群提供特殊保护。

有利原则要求研究应该具备合理的风险受益比。风险主要涉及伤害（harm）发生的可能性，我们日常使用的"低风险"（small risk）和"高风险"（high risk）主要是指遭受伤害的可能性——概率以及与伤害预期相关的严重性——数量值。受益（benefit）在研究的语境中主要是指对受试者健康或福利的积极影响。因此，风险／受益评估主要关注的是伤害与预期受益的概率和严重程度。尽管在实际的风险受益评估中很难做到精确判断，但仍然要尽力进行一些系统的、审慎的判断评估。对于研究是否可以开展的基本评估应该考虑的重点问题包括：① 残忍或不人道地对待受试者是无法得到伦理辩护的；② 应尽可能地控制研究风险，首要的考虑便是是否有必要进行涉及人的研究；③ 当研究涉及较高风险时，伦理委员会尤其需要注意对相关风险的辩护；④ 当研究涉及弱势群体时，应该阐明涉及该群体的合理性；⑤ 必须在知情同意过程中充分、明确告知可能的风险和受益。

公正原则要求公平选择受试者，这种公平性主要体现在个体和社会两个层面。在个体层面，研究者应平等地对每一个受试者，不能因社会、种族、性别、基于社会制度和文化偏见以及个人喜恶等因素让特定的受试者受益或承担风险。在社会层面，研究者应在不同的受试者群体之间进行公平选择，尤其在涉及弱势群体的情形中，既要注意不能因开展研究给这些已经处于不利地位的群体带来额外负担，也不能因为他们本身是弱势群体就将其武断地排除在（可能受益的）研究之外。

（3）《涉及人的健康相关研究国际伦理准则》核心伦理原则

国际医学科学组织理事会（The Council for International Organizations of Medical Sciences，CIOMS）是与世界卫生组织（World Health Organization，WHO）具有官方协作关系的国际性非政府组织。该组织于 2016 年发布最新版《涉及人的健康相关研究国际伦理准则》（第 4 版）（以下简称"CIOMS《准则》"）。

CIOMS《准则》提出了涉及人的健康相关研究应遵循的 25 条准则，围绕涉及人的健康相关研究的科学价值、社会价值、个体受益和负担、资源贫乏地区、脆弱人群、社区参与、知情同意、受试者补偿与赔偿、利益冲突、生物样本与数据使用等进行了阐述和规范。

CIOMS《准则》强调，研究的科学价值和社会价值是开展涉及人的研究最重要的伦理辩护。科学价值意味着研究有可能产生新的有价值的知识和方法。新的知识的潜在应用则是研究的社会价值。但是，除了科学价值和社会价值之外，研究还必须以符合伦理规范的方式开展，遵循《赫尔辛基宣言》等国际伦理准则相关规定。

CIOMS《准则》指出利益相关各方应确保潜在的受试者及其所在社群能够在真正意义上参与到研究之中，同时加强对涉及人的研究的科学审查和伦理审查能力建设，推动建立研究的合作伙伴关系等。例如，申办者、研究者在开展研究的同时，也有责任推动受试者所在社群的研究基础设施等能力建设。

在知情同意相关要求上，CIOMS《准则》根据个体的知情同意能力进行了区分。对于有能力给出知情同意的个人，应获得其自愿的知情同意。在特殊情况下，如果受试者不具有给出知情同意的能力，CIOMS《准则》指出可以考虑修改或免除知情同意的要求，但是，这些特殊情况有严格限定，还需要经过伦理审查委员会审查批准。

生物样本和健康数据的收集、存储和使用是当前涉及人的研究的热点问题。CIOMS《准则》强调机构必须建立一套管理体系，及时考虑将来可能用于研究的情况，做好获得知情同意（或授权）等规划。同时，研究者不能损害生物样本和数据提供者的权利和福利。同时，CIOMS《准则》指出，生物样本的转让必须签署"样本转让协议"（material transfer agreement）。如果生物样本和相关数据只能在和当地卫生部门合作时才可收集和存储，负责相关收集的管理机构中应该有原样本和数据采集地区的代表。若样本和数据被存储在采集地之外的其他地方，应该对所有生物材料返回原采集地、成果共享、利益共享等细节做出规定。

CIOMS《准则》要求，受试者在研究期间产生的与研究直接相关的费用应进行补偿。补偿可以通过经济补偿或其他非经济补偿等形式进行。非经济补偿可以是与研究无关的免费医疗服务、医疗保险、培训等。但是，补偿需要合理，避免过度补偿导致不必要的诱导。受试者如果发生了研究相关伤害，应及时进行治疗，并提供相应的赔偿。

脆弱人群是开展涉及人的研究必须要关注的重要伦理问题。CIOMS《准则》指出，如果研究涉及脆弱人群，必须要匹配特殊的保护措施。CIOMS《准则》对无法给出知情同意的个人、儿童青少年、女性（包括孕妇和哺乳期妇女）等特定人群作为受试者需要关注的细节问题进行了规范。

CIOMS《准则》提出了对发生灾难和暴发疾病时开展研究的伦理准则，强调研究的开展不能对灾难受害者造成不当影响。在灾难和疾病暴发时的研究必须遵循基本的伦理原则，但要充分认识并审慎对待这些特殊情境下可能面临的重要挑战，在确保研究的科学有效性以及遵循伦理原则之间取得有效平衡。此外，CIOMS《准则》认为，利益冲突可能影响研究问题和方法的选择、受试者招募、数据处理以及伦理审查等。因此，有必要制定相关政策，对潜在的利益冲突进行识别和管理。研究机构、研究者和伦理审查委员会应建立和完善相关政策制度，及时开展利益冲突教育培训。研究者应及时识别和披露利益冲突，并制定利益冲突管理计划。伦理审查委员会应审查披露的利益冲突及管理计划。

三 人工智能伦理治理原则和规范

近年来，我国高度重视人工智能的创新发展和伦理治理，发布了一系列重要的伦理治理指导文件，提出了人工智能伦理治理的基本原则和规范。

（1）新一代人工智能治理原则

2019 年 3 月，国家新一代人工智能发展规划推进办公室组织召开了治理专业委员会首次会议。国家新一代人工智能治理专业委员会的成立旨在促进新一代人工智能健康发展，加强人工智能法律、伦理、社会问题研究，积极推动人工智能全球治理。2019 年 6 月，国家新一代人工智能治理专业委员会发布《新一代人工智能治理原则——发展负责任的人工智能》（以下简称《治理原则》），提出了人工智能治理的框架和行动指南。《治理原则》围绕"负责任的人工智能"这一主题，强调人工智能发展相关各方应遵循以下八大原则。

① 和谐友好。人工智能发展应以增进人类共同福祉为目标；应符合人类的价值观和伦理道德，促进人机和谐，服务人类文明进步；应以保障社会安全、尊重人类权益为前提，避免误用，禁止滥用、恶用。

② 公平公正。人工智能发展应促进公平公正，保障利益相关者的权益，促进机会均等。通过持续提高技术水平、改善管理方式，在数据获取、算法设计、技术开

发、产品研发和应用过程中消除偏见和歧视。

③ 包容共享。人工智能应促进绿色发展，符合环境友好、资源节约的要求；应促进协调发展，推动各行各业转型升级，缩小区域差距；应促进包容发展，加强人工智能教育及科普，提升弱势群体适应性，努力消除数字鸿沟；应促进共享发展，避免数据与平台垄断，鼓励开放有序竞争。

④ 尊重隐私。人工智能发展应尊重和保护个人隐私，充分保障个人的知情权和选择权。在个人信息的收集、存储、处理、使用等各环节应设置边界，建立规范。完善个人数据授权撤销机制，反对任何窃取、篡改、泄露和其他非法收集利用个人信息的行为。

⑤ 安全可控。人工智能系统应不断提升透明性、可解释性、可靠性、可控性，逐步实现可审核、可监督、可追溯、可信赖。高度关注人工智能系统的安全，提高人工智能鲁棒性及抗干扰性，形成人工智能安全评估和管控能力。

⑥ 共担责任。人工智能研发者、使用者及其他相关方应具有高度的社会责任感和自律意识，严格遵守法律法规、伦理道德和标准规范。建立人工智能问责机制，明确研发者、使用者和受用者等的责任。人工智能应用过程中应确保人类知情权，告知可能产生的风险和影响。防范利用人工智能进行非法活动。

⑦ 开放协作。鼓励跨学科、跨领域、跨地区、跨国界的交流合作，推动国际组织、政府部门、科研机构、教育机构、企业、社会组织、公众在人工智能发展与治理中的协调互动。开展国际对话与合作，在充分尊重各国人工智能治理原则和实践的前提下，推动形成具有广泛共识的国际人工智能治理框架和标准规范。

⑧ 敏捷治理。尊重人工智能发展规律，在推动人工智能创新发展、有序发展的同时，及时发现和解决可能引发的风险。不断提升智能化技术手段，优化管理机制，完善治理体系，推动治理原则贯穿人工智能产品和服务的全生命周期。对未来更高级人工智能的潜在风险持续开展研究和预判，确保人工智能始终朝着有利于人类的方向发展。

（2）新一代人工智能伦理规范

2021 年 9 月，国家新一代人工智能治理专业委员会发布了《新一代人工智能伦理规范》（以下简称《伦理规范》）。《伦理规范》的制定与发布是为了深入贯彻《新一代人工智能发展规划》，落实《治理原则》要求，增强全社会的人工智能伦理意识与行为自觉，积极引导负责任的人工智能研发与应用活动，促进人工智能健康发展。对此，《伦理规范》还将伦理道德融入了人工智能的全生命周期，以期为从事人工智能相关活动的利益相关各方提供伦理指引，适用于利益相关各方从事的人工智能管理、研发、供应、使用等相关活动。其中，管理活动主要指人工智能相关的战略规划、政策法规和技术标准制定实施，资源配置以及监督审查等；研发活动主要指人工智能相关的科学研究、技术开发、产品研制等；供应活动主要指人工智能产品与服务相关的生产、运营、销售等；使用活动主要指人工智能产品与服务相关的采购、消费、操作等。

《伦理规范》提出了增进人类福祉、促进公平公正、保护隐私安全、确保可控可信、强化责任担当、提升伦理素养等 6 项基本伦理要求，具体包括下列内容。

① 增进人类福祉。坚持以人为本，遵循人类共同价值观，尊重人权和人类根本利益诉求，遵守国家或地区伦理道德。坚持公共利益优先，促进人机和谐友好，改善民生，增强获得感、幸福感，推动经济、社会及生态可持续发展，共建人类命运共同体。

② 促进公平公正。坚持普惠性和包容性，切实保护各相关主体合法权益，推动全社会公平共享人工智能带来的益处，促进社会公平正义和机会均等。在提供人工智能产品和服务时，应充分尊重和帮助弱势群体、特殊群体，并根据需要提供相应替代方案。

③ 保护隐私安全。充分尊重个人信息知情、同意等权利，依照合法、正当、必要和诚信原则处理个人信息，保障个人隐私与数据安全，不得损害个人合法数据权益，不得以窃取、篡改、泄露等方式非法收集利用个人信息，不得侵害个人隐私权。

④ 确保可控可信。保障人类拥有充分自主决策权，有权选择是否接受人工智能提供的服务，有权随时退出与人工智能的交互，有权随时中止人工智能系统的运行，确保人工智能始终处于人类控制之下。

⑤ 强化责任担当。坚持人类是最终责任主体，明确利益相关者的责任，全面增强责任意识，在人工智能全生命周期各环节自省自律，建立人工智能问责机制，不回避责任审查，不逃避应负责任。

⑥ 提升伦理素养。积极学习和普及人工智能伦理知识，客观认识伦理问题，不低估不夸大伦理风险。主动开展或参与人工智能伦理问题讨论，深入推动人工智能伦理治理实践，提升应对能力。

在上述 6 项基本伦理要求的基础上，《伦理规范》明确人工智能的管理、研发、供应、使用等特定活动应符合 18 项具体伦理要求。其中，人工智能的管理活动应遵循的伦理要求包括：一是推动敏捷治理。尊重人工智能发展规律，充分认识人工智能的潜力与局限，持续优化治理机制和方式，在战略决策、制度建设、资源配置过程中，不脱离实际、不急功近利，有序推动人工智能健康和可持续发展。二是积极实践示范。遵守人工智能相关法规、政策和标准，主动将人工智能伦理道德融入管理全过程，率先成为人工智能伦理治理的实践者和推动者，及时总结推广人工智能治理经验，积极回应社会对人工智能的伦理关切。三是正确行权用权。明确人工智能相关管理活动的职责和权力边界，规范权力运行条件和程序。充分尊重并保障相关主体的隐私、自由、尊严、安全等权利及其他合法权益，禁止权力不当行使对自然人、法人和其他组织合法权益造成侵害。四是加强风险防范。增强底线思维和风险意识，加强人工智能发展的潜在风险研判，及时开展系统的风险监测和评估，建立有效的风险预警机制，提升人工智能伦理风险管控和处置能力。五是促进包容开放。充分重视人工智能各利益相关主体的权益与诉求，鼓励应用多样化的人工智能技术解决经济社会发展实际问题，鼓励跨学科、跨领域、跨地区、跨国界的交流与合作，推动形成具有广泛共识的人工智能治理框架和标准规范。

人工智能研发活动应遵循的伦理规范包括：一是强化自律意识。加强人工智能研发相关活动的自我约束，主动将人工智能伦理道德融入技术研发各环节，自觉开展自我审查，加强自我管理，不从事违背伦理道德的人工智能研发。二是提升数据质量。在数据收集、存储、使用、加工、传输、提供、公开等环节，严格遵守数据相关法律、标准与规范，提升数据的完整性、及时性、一致性、规范性和准确性等。三是增强安全透明。在算法设计、实现、应用等环节，提升透明性、可解释性、可理解性、可靠性、可控性，增强人工智能系统的韧性、自适应性和抗干扰能力，逐步实现可验证、可审核、可监督、可追溯、可预测、可信赖。四是避免偏见歧视。在数据采集和算法开发中，加强伦理审查，充分考虑差异化诉求，避免可能存在的数据与算法偏见，努力实现人工智能系统的普惠性、公平性和非歧视性。

人工智能供应活动应遵循的伦理规范包括：一是尊重市场规则。严格遵守市场准入、竞争、交易等活动的各种规章制度，积极维护市场秩序，营造有利于人工智能发展的市场环境，不得以数据垄断、平台垄断等破坏市场有序竞争，禁止以任何手段侵犯其他主体的知识产权。二是加强质量管控。强化人工智能产品与服务的质量监测和使用评估，避免因设计和产品缺陷等问题导致的人身安全、财产安全、用户隐私等侵害，不得经营、销售或提供不符合质量标准的产品与服务。三是保障用户权益。在产品与服务中使用人工智能技术应明确告知用户，应标识人工智能产品与服务的功能与局限，保障用户知情、同意等权利。为用户选择使用或退出人工智能模式提供简便易懂的解决方案，不得为用户平等使用人工智能设置障碍。四是强化应急保障。研究制定应急机制和损失补偿方案或措施，及时监测人工智能系统，及时响应和处理用户的反馈信息，及时防范系统性故障，随时准备协助相关主体依法依规对人工智能系统进行干预，减少损失，规避风险。

人工智能使用活动应遵循的伦理规范包括：一是提倡善意使用。加强人工智能产品与服务使用前的论证和评估，充分了解人工智能产品与服务带来的益处，充分考虑各利益相关主体的合法权益，更好促进经济繁荣、社会进步和可持续发展。二是避免误用滥用。充分了解人工智能产品与服务的适用范围和负面影响，切实尊重相关主体不使用人工智能产品或服务的权利，避免不当使用和滥用人工智能产品与服务，避免非故意造成对他人合法权益的损害。三是禁止违规恶用。禁止使用不符合法律法规、伦理道德和标准规范的人工智能产品与服务，禁止使用人工智能产品与服务从事不法活动，严禁危害国家安全、公共安全和生产安全，严禁损害社会公共利益等。四是及时主动反馈。积极参与人工智能伦理治理实践，对使用人工智能产品与服务过程中发现的技术安全漏洞、政策法规真空、监管滞后等问题，应及时向相关主体反馈，并协助解决。五是提高使用能力。积极学习人工智能相关知识，主动掌握人工智能产品与服务的运营、维护、应急处置等各使用环节所需技能，确保人工智能产品与服务安全使用和高效利用。

第三节　科学研究共性伦理问题与科技伦理审查

不同领域的科学技术研发活动都不可避免地涉及相关伦理问题。这些伦理问题主要聚焦于如何对待研发活动中可能涉及的实验动物、人类研究参与者以及研发活动本身可能对环境、生态造成的影响，等等。当然，不同领域的科学技术研发活动的特点使得相关伦理问题的细节有所差异，但核心的伦理关切仍然存在一定的共性。

一 实验动物福利保护的 3R 原则

生命科学和医学的进步离不开动物实验。以医学领域为例，所有药物在开展人体试验之前，都需要先进行动物实验。在科学研究领域，实验动物使用数量庞大。大量的实验动物用于科学研究，引发了广泛的关于动物权利、动物福利的社会关注和讨论。

实验动物福利不仅应关注实验可能给动物带来的伤害和痛苦，还应考虑实验动物健康和快乐生存的权利以及相关的保障资源和外部条件。在科学研究活动中，研究者往往更关注动物实验可能给人类和社会带来的获益，而忽略了动物应有的权利和福利。当然，这种忽略背后，可能存在更深层次的"人类中心"的预设。和人相比，实验动物无法通过语言进行表达，这使得人们在直观上很难真切地感受到实验动物可能遭受的痛苦。实验动物往往是经人工培育的。实验动物的生产、饲养、运输、使用、尸体处理等各个环节都涉及伦理问题，包括相关设施环境的舒适程度，实验使用过程中可能的操作，仁慈终点和安死术，等等，都是实验动物福利保护必须要关注的。仁慈终点主要是指在达到实验目的（获得实验结果）时，应及时选择动物表现疼痛和痛苦的较早阶段作为实验结束终点，避免给实验动物造成过多的痛苦。安死术是指人道地终止实验动物的生命的方法，这种方法的选择应最大限度地减少或消除实验动物的惊恐和痛苦。

对此，国际共识要求实验动物的使用必须遵循替代（replacement）、减少（reduction）、优化（refinement）原则，即"3R"原则。替代是指使用较低等级的动物替代高等级动物，在条件允许的情况下，尽量不使用动物而采取其他方法（达到与动物实验相同的目的）；减少主要是指尽量减少实验动物的使用数量，在确保获得特定数量准确信息完成实验的基础上避免浪费；优化主要是指对必须使用的实验动物，尽量采用人道的方法减少动物的痛苦（避免非人道方法的使用）。

二 人类研究参与者保护的主要伦理问题

涉及人类研究参与者（包括活着的自然人、人体生物样本、个人信息数据等）的科学研究在医学领域广泛开展。除了医学领域之外，管理学、心理学、社会学等领域也会开展很多直接涉及人类研究参与者的研究。此外，生命科学领域可能较多地涉及人体生物样本（也称"样本捐赠者"），人工智能可能更多涉及个人数据和信息（也称"数据主体"）。因此，涉及人类研究参与者的伦理问题普遍存在，在不同领域的具体表现有所差异。

人类研究参与者的安全和合法权益保护，应按照尊重、有利、公正伦理原则的要求，关注研究的风险控制以及风险获益评估，研究参与者知情同意，隐私和个人信息保护，免费、补偿和赔偿等伦理问题。

以医学研究为例，人类研究参与者保护主要体现在以下方面：① 涉及人类研究参与者的研究是否违反现行政策法规和国际公认的尊重、有利、公正等伦理原则要求，一旦存在违规的情况，此类研究则不应被允许开展。例如，基因编辑婴儿事件中，可遗传基因编辑是被行业共识所禁止的，研究者就不能违规开展。② 这个研究在人体上开展，前期的非临床研究和动物实验等是否提供了充分的安全性信息，确保用于人体是安全的，这些证据是否明确了可能需要关注的风险。③ 研究可能涉及哪些风险，例如，生理风险、心理风险、隐私风险等，具体的风险是什么，风险发生概率和严重程度如何。④ 人类研究参与者能否从研究中有获益的可能性，研究本身具有什么样的科学价值和社会价值，这些获益相比于研究可能的风险，是否能得到合理的辩护（即风险获益比是否合理）。⑤ 研究可能的风险是否能得到恰当的控制。⑥ 研究者是否有能力应对这些风险，包括研究者本身的专业知识技能以及调动相关资源的能力。⑦ 是否有规范的知情同意确保研究参与者的知情权。⑧ 在知情同意过程中，是否明确告知了研究参与者享有自愿参加、随时退出且不会受到不公正对待的权利。⑨ 研究参与者的个人信息及相关资料的保密措施是否充分。⑩ 研究参与者的招募方式、途径、纳入和排除标准是否恰当、公平。⑪ 研究参与者参加研究的合理支出是否得到了适当补偿；研究参与者发生研究相关损害时，给予的治疗、补偿或者赔偿是否合理、合法。

在心理学、管理学、社会学等领域开展的涉及人类研究参与者的研究，同样需要关注伦理问题。相比于医学研究，社会行为研究受试者面临的风险呈现出多元化特征。干预性医学研究往往涉及较高的生理风险，而社会行为研究则往往会涉及心理风险、隐私风险等，风险的性质、种类、严重程度等都有较大差异。通常情况下，干预性的临床医学研究，研究参与者在一定程度上有获益的可能性，但是社会行为研究的参与者往往不会直接获益。除了风险获益的差异之外，在社会行为研究中，研究参与者的隐私保护和信息安全问题往往更突出。此外，所有涉及人类研究参与者的研究，原则上都需要获得研究参与者的知情同意。但是，心理学等行为科学研究在特定的情况下，如果事先知情，可能会影响研究结果的科学性。因此，与医学研究中常规要求的事先知情同意可能需要有所区别。然而，尽管知情同意的形式和操作细节可能存在差异，但是尊重研究参与者的人格尊严，获取其知情同意的伦理要求是一致的。

三　科技伦理审查

如前所述，开展涉及实验动物和人类研究参与者的科学研究，都存在或多或少的伦理问题。因此，在实践中，伦理审查机制应运而生。涉及使用实验动物的研究，需要进行实验动物福利伦理审查。涉及人类研究参与者的研究，需要通过伦理审查委员会的审查。目前，我国最新的政策法规中将其统称为科技伦理审查。2021年，《中华人民共和国科学技术进步法》修订，明确规定科学技术研究开发机构、高等学校、企业事业单位等应依法对科学技术活动开展科技伦理审查。2023年10月，科技部、教育部等十部门联合印发了《科技伦理审查办法（试行）》（以下简称"十部门办法"），对科技伦理审查的范围、原则、审查主体、审查程序、监督管理等细节进行了规范。

根据最新规定，涉及以人为研究参与者（包括以人为测试、调查、观察等研究活动的对象以及利用人类生物样本、个人信息数据等）的科技活动，涉及实验动物的科技活动，以及不直接涉及人或实验动物，但可能在生命健康、生态环境、公共秩序、可持续发展等方面带来伦理风险挑战的科技活动等，需要申请并获得科技伦理审查批准。

高等学校、科研机构、医疗卫生机构、企业等机构是本单位科技伦理审查管理的责任主体，需要依法设立科技伦理审查委员会，并提供相应的资源保障科技伦理审查委员会顺利开展工作。根据"十部门办法"规定，科技伦理审查委员会的主要职责包括：① 制定完善科技伦理（审查）委员会的管理制度和工作规范；② 提供科技伦理咨询，指导科技人员对科技活动开展科技伦理风险评估；③ 开展科技伦理审查，按要求跟踪监督相关科技活动全过程；④ 对拟开展的科技活动是否属于需要纳入清单管理的科技活动做出判断；⑤ 组织开展对委员的科技伦理审查业务培训和科技人员的科技伦理知识培训；⑥ 受理并协助调查相关科技活动中涉及科技伦理问题的投诉举报；⑦ 按要求进行登记、报告，配合地方、相关行业主管部门开展涉及科技伦理审查的相关工作。

科技伦理审查程序除了申请与受理、一般程序、简易程序之外，"十部门办法"新增了"专家复核程序"和"应急程序"。根据最新政策要求，对可能产生较大伦理风险挑战的新兴科技活动实施清单管理，纳入了清单管理的科技活动的伦理审查需要依规开展专家复核。由地方或相关行业主管部门组织成立复核专家组，对单位科技伦理审查委员会和科技人员提交的申请材料进行复核，确认科技伦理审查意见的合规性和合理性。通过专家复核之后，单位科技伦理审查委员会才能做出最终审查决定。此外，在应急程序建设方面，科技伦理（审查）委员会需要制定科技伦理应急审查制度，明确突发公共事件等紧急状态下的应急审查流程和标准操作规程，组织开展应急伦理审查培训，做好储备。同时，一旦涉及应急审查，科技伦理（审查）委员会还需加强对应急审查的科技活动的跟踪审查和过程监督，建立机制、配备资源，确保及时向科技人员提供科技伦理指导意见和咨询建议。整个过程中，在确保审查及时性的同时，不能因为情况紧急而降低标准或回避科技伦理审查。

综上所述，"十部门办法"的出台，为我国科技伦理审查工作的开展制定了基本标准。同时，也将生命科学和医学领域的伦理审查进一步扩展到人工智能等科技领域。医学伦理审查在国际国内已形成一套相对完善的体系，且对我国科技伦理审查的实施和监管具有重要的借鉴作用。

四　在科学研究全过程中保护研究参与者

开展涉及人类研究参与者的生命科学和医学研究，需要按照政策法规规定获得伦理审查批准。在这个意义上，保护研究参与者的安全和合法权益是伦理审查委员会的重要职责。但是，研究者同样需要承担保护研究参与者的职责。研究者是研究设计和实施的第一责任主体，除了承担起研究的科学职责之外，研究者还有责任在研究全过程中维护研究参与者的安全和权益。

（1）研究设计阶段的研究参与者保护

在研究设计阶段，研究者首先需要确定研究问题具有科学性和必要性。研究问题可以源自公众的健康需求，也可以源自研究者个人的学术兴趣。某个问题是否值得开展研究，尤其是开展涉及人的研究，一个重要的前提是其本身具有科学价值和社会价值，这不仅包括研究的创新性、迫切性，还包括解决研究问题可能带来的收益（包括直接收益和间接收益）。因此，要求研究者在选题的过程中不仅仅要关注科学和技术维度，还要在更加广泛的意义上关注研究对研究参与者和社会可能带来的影响，例如，研究是否有针对性地回应或解决了公共问题（例如，普遍的健康需求等），研究能否被公众接受，等等。

其次，研究者需要根据研究目的采用恰当的研究设计，选择合理的研究方法。常用的研究设计包括横断面研究、病例对照研究、队列研究、随机对照研究等，这些方法本身没有优劣之分，但具体研究方法的选择需要综合考虑以下几个方面：① 在资源有限的前提下，哪种设计能够较好地实现研究目的，换言之，既要考虑研究方法的科学有效性，也要关注方法的可行性和可操作性，例如，特定的研究设计对预算、人力资源、设备资源等客观条件的要求。② 研究参与者人群选择及纳入 / 排除标准的制定要以从科学角度确保研究目的的实现为前提，需要特别注意"弱势人群"相关问题，易于招募、良好的依从性、低廉的成本等因素虽然在一定意义上对于研究的顺利开展有积极意义，但是也容易引起伦理争议，违反公平、有利等伦理原则。③ 研究相关干预措施的选择，在满足研究需要的前提下，应优先考虑非侵入性的、风险较小的措施。④ 样本量的确定要坚持"最小必要"（minimum necessary）原则，既要根据统计学的要求确定研究需要的最小样本量，又要严格控制，避免因增加样本量而带来不必要的风险。

最后，研究者有责任明确开展研究需要遵循的相关法律法规政策要求，例如，科技伦理审查的要求，临床研究注册，申请人类遗传资源采集、收集、买卖、出口、出境相关的审批，研究参与者的隐私和个人信息保护，等等。

（2）研究实施阶段的研究参与者保护

获得伦理审查批准后，研究者才能够开始正式实施研究（即尝试招募和接触潜在的研究参与者）。在一定程度上，研究实施意味着研究参与者保护的旅程真正开始（即从书面的伦理审查进入研究实践）。

原则上，研究者需确保研究活动严格按照伦理审查委员会批准版本的研究方案实施。然而，在具体实践中，往往会出现偏离或违背研究方案的情形。从研究者尝试接触第一例潜在的研究参与者开始，这种偏离或违背便有可能发生。在研究实施过程中，包括招募研究参与者的方式、知情同意的过程、实际入组的研究参与者等，都有可能与最初研究方案制定的计划不一致。因此，研究者需要采取恰当的管理措施，确保能及时发现方案偏离或违背的问题。一旦发现，主要研究者需要分析并评估导致这些问题发生的原因：如果是最初的方案设计存在问题，可能需要根据实际情况考虑修改研究方案（以及其他相关材料）；如果是研究实施过程相关操作的问题，则可能需要考虑采取必要的整改措施，例如，加强研究团队成员培训、制定研究实施标准操作规程、强化项目质量控制等。同时，研究者需按照伦理审查政策法规要求向伦理审查委员会提交方案偏离或违背报告并及时采取相应措施。

在确保方案依从性的基础上，研究者需要向伦理审查委员会提交定期跟踪审查申请，报告研究进展。根据我国伦理审查政策规定，定期跟踪审查不得少于每年一次。风险越高的研究，定期跟踪审查频率越高。在准备定期跟踪审查过程中，研究者需要重点关注以下方面：① 研究进展是否顺利，包括研究参与者入组进展及已入组研究参与者的分布情况，研究参与者知情拒绝、退出等情况。② 研究实施过程中是否发生了方案偏离或违背、不良事件等以及相关事件是否及时报告了伦理审查委员会。③ 研究实施过程中是否发现了新的风险等可能影响研究参与者继续参与研究意愿的信息，此类信息可以基于研究本身的发现，也可以基于国际国内相关研究的最新发现。一旦出现这种情况，研究者就必须及时采取措施，一方面，对于已经入组的研究参与者，在充分知情告知的前提下，尊重研究参与者退出研究的意愿，或获得研究参与者的再次知情同意以便继续开展研究；另一方面，对于将来潜在的研究参与者，适时修改研究方案和／或知情同意书，并及时向伦理审查委员会提交修正案审查。④ 在特殊情况下，如果主要研究者基于其专业判断，合理地认为研究不宜再继续进行，研究者就有责任和义务提出暂停或终止已批准的研究，同时制定相关计划，确保前期已入组的研究参与者的安全和权益。

在研究实施过程中，研究者还需要关注研究数据的质量，确保数据的准确性、可靠性和完整性。这是科研诚信的基本要求，也是研究质量的必要保证。原则上，研究者需根据研究的性质和可能的风险制定专门的数据安全监察计划（data safety monitoring plan）。具体的监察措施主要依据研究涉及的风险确定。2010 年，国家食品药品监督管理局发布的《药物临床试验伦理审查工作指导原则》强调"如有需要，试验方案应有充分的数据与安全监察计划，以保证受试者的安全"。

（3）研究结题阶段的研究参与者保护

在研究结题阶段，主要涉及研究参与者的后续跟踪和研究结果的发表两个核心伦理问题。尤其在一些高风险的干预性研究中，研究干预的结束并不是研究参与者保护的终点，研究者需要根据具体情况制定负责任的随访和跟踪计划，确保研究参与者的安全和知情权（如特定时期内新发现的相关安全性事件或风险信息等）。同时，对于涉及生物样本或数据信息的研究，研究者应根据既定的研究计划进行处置，包括定期销毁（一次性使用）或妥善保存（可能涉及将来二次使用的）相关样本、数据及知情同意书。需要强调的是，如果涉及存储儿童的生物样本或带有其个人可识别信息的数据，且存储年限超过其成年期（18岁），那么研究者需要在这些儿童研究参与者年满18岁时再次获得他们的知情同意。另一方面，研究结果的发表，无论具体的发表形式如何，研究者都需要保护研究参与者的隐私和个人信息，同时确保研究结果本身的真实性和客观性，维护科研诚信，避免因利益冲突等因素造成偏倚。

延伸阅读文献

[1] 国家卫生健康委，教育部，科技部，国家中医药局．涉及人的生命科学和医学研究伦理审查办法（国卫科教发〔2023〕4号），2023.

[2] 科技部，教育部，工业和信息化部，农业农村部，国家卫生健康委，中国科学院，中国社科院，中国工程院，中国科学技术协会，中央军委科技委．科技伦理审查办法（试行）（国科发监〔2023〕167号），2023.

[3] The Nuremberg code.JAMA，1996.276（20）：1691-1691.

[4] 世界医学会．赫尔辛基宣言，2013.

[5] 美国国家生物医学以及行为研究受试者保护委员会．受试者保护的伦理原则及指南，1979.

[6] 国际医学科学组织理事会，世界卫生组织．涉及人的健康相关研究国际伦理准则．2016.

思考题

1. 科技伦理治理对于促进负责任创新有何意义？

2. 如何理解"科技伦理治理"与"科技伦理审查"之间的关系？

3. 医学伦理审查的发展历史和相关经验教训对我们有何启发？

4. 结合"科技伦理审查"相关内容，你认为伦理审查如何促进负责任研究行为？

5. 谈谈你对研究者应承担的人类研究参与者保护职责的看法。

主要参考文献

文件类 ▌

［1］中共中央办公厅，国务院办公厅.关于进一步加强科研诚信建设的若干意见，2018.

［2］国家发展改革委，等.关于对科研领域相关失信责任主体实施联合惩戒的合作备忘录（发改财金〔2018〕1600 号），2018.

［3］中共中央办公厅，国务院办公厅.关于进一步弘扬科学家精神加强作风和学风建设的意见，2019.

［4］科技部.科学技术活动违规行为处理暂行规定（中华人民共和国科学技术部令第 19 号），2020.

［5］国家卫生健康委，科技部，国家中医药管理局.医学科研诚信和相关行为规范（国卫科教发〔2021〕7 号），2021.

［6］科技部，等.科研失信行为调查处理规则（国科发监〔2022〕221 号），2022.

［7］中共中央办公厅，国务院办公厅.关于加强科技伦理治理的意见，2022.

［8］科技部，等.科技伦理审查办法（试行）（国科发监〔2023〕167 号），2023.

［9］国家卫生健康委，教育部，科技部，国家中医药局.涉及人的生命科学和医学研究伦理审查办法（国卫科教发〔2023〕4 号），2023.

［10］全国新闻出版标准化技术委员会.学术出版规范　期刊学术不端行为界定：CY/T 174—2019〔S〕，2019.

［11］全国信息与文献标准化技术委员会.信息与文献　参考文献著录规则：GB/T 7714—2015〔S〕，2015.

［12］全国信息与文献标准化技术委员会.科技报告编写规则：GB/T 7713.3—2014〔S〕，2014.

［13］全国实验动物标准化技术委员会.实验动物　福利通则：GB/T 42011—2022〔S〕，2022.

［14］国家新一代人工智能治理专业委员会.新一代人工智能治理原则——发展负责任的人工智能，2019.

［15］国家新一代人工智能治理专业委员会.新一代人工智能伦理规范，2021.

［16］科技部监督司.负责任研究行为规范指引（2023），2023.

［17］中国科学技术信息研究所，爱思唯尔，施普林格·自然，约翰威立国际出版集团.学术出版中 AIGC 使用边界指南，2023.

［18］中国科学技术信息研究所，约翰威立国际出版集团.负责任署名：学术期刊论文作者署名指引（蓝皮书），2022.

［19］中国科学院科研道德委员会.关于在学术论文署名中常见问题或错误的诚信提醒，2018.

［20］中国科学院科研道德委员会.关于规范学术论著署名问题负面行为清单的通知，2022.

［21］中国科学院科研道德委员会.关于规范论著引用的通知，2021.

［22］中国科学院科研道德委员会.关于在公众媒体上发布学术成果常见问题或错误的诚信提醒，2021.

［23］中国科学院科研道德委员会.关于科研活动原始记录中常见问题或错误的诚信提醒，2020.

［24］中国科学院科研道德委员会.关于在生物医学研究中恪守科研伦理的"提醒"，2019.

［25］世界医学会.赫尔辛基宣言，2013.

［26］国际医学科学组织理事会，世界卫生组织.涉及人的健康相关研究国际伦理准则，2016.

书籍类

［1］《中国科研诚信建设蓝皮书》编写组.中国科研诚信建设蓝皮书2021［M］.北京：科学技术文献出版社，2022.

［2］D.普赖斯.小科学·大科学［M］.宋剑耕，戴振飞，译.北京：世界科学社，1982.

［3］美国现代语言协会.MLA科研论文写作规范［M］.7版.上海：上海外语教育出版社，2011.

［4］舍格斯特尔.超越科学大战：科学与社会关系中迷失了的话语［M］.黄颖，等，译.北京：中国人民大学出版社，2006.

［5］复旦大学研究生院.研究生学术道德与学术规范百问［M］.上海：复旦大学出版社，2019.

［6］格里斯.研究方法的第一本书［M］.孙冰洁，王亮，译.大连：东北财经大学出版社，2011.

［7］胡金富.科研不端行为查处程序研究［M］.北京：中国社会科学出版社，2020.

［8］拉姆奇.如何查找文献［M］.廖晓玲，译.北京：北京大学出版社，2007.

［9］李真真，黄小茹.科研伦理导论：如何开展负责任的研究［M］.北京：科学出版社，2020.

［10］莫瑞.如何为学术刊物撰稿［M］.3版.北京：北京大学出版社，2020.

［11］马奇，麦克伊沃.怎样做文献综述：六步走向成功［M］.陈静，肖思汉，译.上海：上海教育出版社，2011.

［12］麦克里那.科研诚信：负责任的科研行为教程与案例［M］.3版.何鸣鸿，陈越，等，译.北京：高等教育出版社，2011.

［13］美国科学、工程与公共政策委员会.怎样当一名科学家：科学研究中的负责行为［M］.3

版 . 曹莉，译 . 北京：中国科学技术出版社，2014.

[14] 罗斯韦尔 . 谁想成为科学家？[M] . 乐爱国，译 . 上海：上海科技教育出版社 .2006.

[15] 谢曙光，童根兴 . 作者手册 [M] . 北京：社会科学文献出版社，2020.

[16] 齐曼 . 真科学：它是什么，它指什么 [M] . 曾国屏，等，译 . 上海：上海科技教育出版社，
2002.

论文类

[1] 陈雨，李晨英，赵勇 . 国内外科研诚信的内涵演进及其研究热点分析 [J] . 中国科学基金，
2017，31（4）：396-404.

[2] 国际医学期刊编辑委员会 . 关于作者署名的推荐规范 [J] . 外科研究与新技术，2023，12（1）：
68.

[3] 胡剑 . 欧美科研不端行为治理体系研究 [D] . 中国科学技术大学，2012.

[4] 胡科，陈武元 . 高校学术不端行为治理的国际经验及其启示：以斯坦福大学、剑桥大学、东
京大学为例 [J] . 东南学术，2020（6）：40-48.

[5] 黄小茹，唐平 . 国际出版界对论文多余发表的认定及处理 [J] . 编辑学报，2011，23（2）：
184-187.

[6] 黄小茹 . 科研成果不可验证性问题：发现机制的失效及可能的对策 [J] . 科学学研究，2017，
35（7）：961-966，974.

[7] 雷瑞鹏，邱仁宗 . 合成生物学的伦理和治理问题 [J] . 医学与哲学，2019，40（19）：38-43.

[8] 李娜，陈君 . 负责任创新框架下的人工智能伦理问题研究 [J] . 科技管理研究，2020，40（6）：
258-264.

[9] 路甬祥 . 科学的价值与精神 .2009 科学发展报告 [M] . 北京：科学出版社，2009.

[10] 张海洪 . 从受试者保护视角谈研究者的道德责任 [J] . 中华医学科研管理杂志，2019（6）：
401-404.

[11] 赵勍，刘萱，许艳玲 . 中国科技期刊涵养优良学风现状及发展建议 [J] . 编辑学报，2023，
35（6）：656-661.

[12] 赵勇，盛怡瑾，曹元，等 . 自律与他律共治：科研不端治理的国家模式及比较研究 [J] . 复
旦公共行政评论，2022（1）：156-181.

[13] 赵勇 . 多元共治推动科研诚信制度化建设 [J] . 中国人才，2020（5）：12-13.